普通高等职业教育计算机系列规划教材

# Visual C#程序设计



李　毅　曾文权　主　编

陶　南　卢　琳　刘　峰　副主编

電子工業出版社

Publishing House of Electronics Industry

北京 · BEIJING

## 内 容 简 介

本书通过项目导向、任务驱动方式讲解了利用 Visual C#.NET 开发工具进行应用程序开发的相关知识和技能。全书共 7 个项目，讲解了考试管理系统的界面设计、类和对象的设计、系统数据库连接、数据展示与操作、文件操作、系统打包与部署的开发任务。

本书非常适合教学做一体化教学，通过工学融合，将工作任务与学习目标紧密对接，坚持学以致用，同时本书配备了移动终端微课教学资源，便于读者巩固、提高。

本书适用于职业院校相关专业及各类培训班教材，也可作为从业人员的参考用书。





**图书在版编目（CIP）数据**

Visual C#程序设计 / 李毅，曾文权主编. —北京：电子工业出版社，2015.10

（普通高等职业教育计算机系列规划教材）

ISBN 978-7-121-26999-8

Ⅰ. ①V… Ⅱ. ①李… ②曾… Ⅲ. ①C 语言－程序设计－高等职业教育－教材 Ⅳ. ①TP312

中国版本图书馆 CIP 数据核字（2015）第 195642 号

策划编辑：徐建军（xujj@phei.com.cn）

责任编辑：郝黎明

印　　刷：三河市鑫金马印装有限公司

装　　订：三河市鑫金马印装有限公司

出版发行：电子工业出版社

北京市海淀区万寿路 173 信箱　邮编 100036

开　　本：787×1 092　1/16　印张：11.25　字数：288 千字

版　　次：2015 年 10 月第 1 版

印　　次：2015 年 10 月第 1 次印刷

印　　数：3 000 册　　定价：29.00 元

# 前　言

对于开发人员来说，把 C#语言及其相关环境.NET Framework 描述为多年来最重要的技术一点都不夸张。.NET 提供了一种新环境。在这个环境中，可以开发出运行在 Windows 上的几乎所有应用程序，而 C#是专门用于.NET 的新编程语言。

本书突出职业特色，注重学生程序设计能力的培养，打破 C#程序设计传统编写模式，突破原知识体系结构限制，采用“项目解决、问题引入、任务驱动”的方式，重新组合设计教学项目与案例，以任务实现与解决为出发点，将知识点作为解决问题的解释与扩充，真正做到以解决任务为第一要义。

本书共 7 个项目，项目 1 介绍了考试管理系统界面设计，主要解决 Windows 程序常用控件及界面设计的问题；项目 2 介绍 ATM 取款机设计，主要解决面向对象程序设计的基本方法和步骤；项目 3 介绍了连接数据库，主要解决如何使用 C#连接数据库的问题；项目 4 介绍了数据查询和操作，主要解决 C#查询并操作数据库数据的问题；项目 5 介绍了应用程序数据展示，主要介绍了数据展示 GridView 控件的使用方法；项目 6 介绍了文件操作，主要解决了 C#对文件的操作方法；项目 7 介绍了应用程序安装与部署，主要解决了项目的安装与部署问题。

本书由广东科学技术职业学院的李毅、曾文权担任主编并统稿，由陶南、卢琳以及国家档案局的刘峰担任副主编。其中，项目 1 由曾文权编写，项目 2 由陶南编写，项目 3、项目 6 由李毅编写，项目 5 由刘峰编写，项目 7 由卢琳编写。

本书不仅由一线的教师执笔，而且还邀请了企业高级测试工程师卢琳及刘峰参与编写工作。在此一并表示感谢！

为了方便教师教学，本书配有电子教学课件及相关资源，请有此需要的教师登录华信教育资源网（www.hxedu.com.cn）注册后免费进行下载，如有问题可在网站留言板留言或与电子工业出版社联系（E-mail:hxedu@phei.com.cn）。

本书是编者在总结多年教学经验及工作经验的基础上编写而成的，编者在探索教材建设方面做了许多努力，也对书稿进行了多次审校，但由于编写时间及水平有限，难免存在一些疏漏和不足。希望同行专家和读者能给予批评指正。

编　者

# 目录 Contents

# 项目 1

# Windows 程序界面设计

Windows 操作系统是常用的操作系统，Windows 操作系统中的程序就是 Windows 应用程序。在第 1 个项目中，将学习如何使用 C#设计 Windows 应用程序的界面，并实现 ExamSystem 程序的登录及打开新增学生窗体的功能。

## 工作任务

- 完成 ExamSystem 系统登录页面的设计。
- 完成 ExamSystem 系统学生注册页面的设计。
- 完成 ExamSystem 系统管理员主页面的设计。

## 技能目标

- 理解窗体的属性和事件的作用。
- 能够使用基本控件设计窗体界面。
- 能够编写简单的事件处理程序。
- 会使用窗体的消息框。
- 会使用基本控件设计窗体，并进行合理布局。
- 会实现 MDI 风格的窗体。

## 预习作业

- 常见的 Windows 控件有哪些？
- C#中如何使用 Windows 控件设计界面？
- Windows 控件的作用是什么？
- 消息框的作用是什么？
- 事件是什么？
- 什么是 MDI 窗体？

# 任务 1.1　ExamSystem 系统登录页面设计

## 任务描述

利用 Windows 控件，设计出 ExamSystem 系统登录页面。在其中输入用户名、密码及登录类型，单击“登录”按钮，如果输入信息合法则登录系统，否则给出必要提示，不允许登录系统。

对于用户输入的具体要求如下。

（1）用户名为 admin，密码为 123，登录类型为系统管理员，单击“登录”按钮则跳转到管理员主页面。

（2）单击“退出”按钮时，提示“确认要取消登录吗？”，单击“确定”按钮，离开并关闭程序，单击“取消”按钮返回登录页面。

## 任务分析

我们的第一个任务既不是“Hello World!”也不是“Hello C#”，而是一个在日常软件操作中常见的窗体。虽然存在一定难度，但毕竟我们对于登录窗体并不陌生。我们需要解决的就是如何将熟知的内容通过 C#语言实现出来。

在登录某个系统的时候，需要输入用户名及密码，必要的时候可能需要选择用户类型，单击“登录”按钮之后系统会判断输入信息是否有效，并给出后继的操作提示。因此，首先需要设计出用户输入数据的地方，然后进行判断，最后根据判断的结果给出相应的后继操作。

### 1.1.1　任务实现代码及说明

实现步骤如下。

（1）打开 Microsoft Visual Studio 2010（本书以此版本对 C#程序进行讲解，其他版本与此版本类似，请读者自行对比学习），第一次打开时会比较慢，这是因为需要做一些初始化的工作，以后打开会快很多，启动 Microsoft Visual Studio 后的界面如图 1-1 所示。

图 1-1　Microsoft Visual Studio 2010 界面

（2）选择“文件”→“项目”选项，新建一个 Windows 项目，如图 1-2 所示。

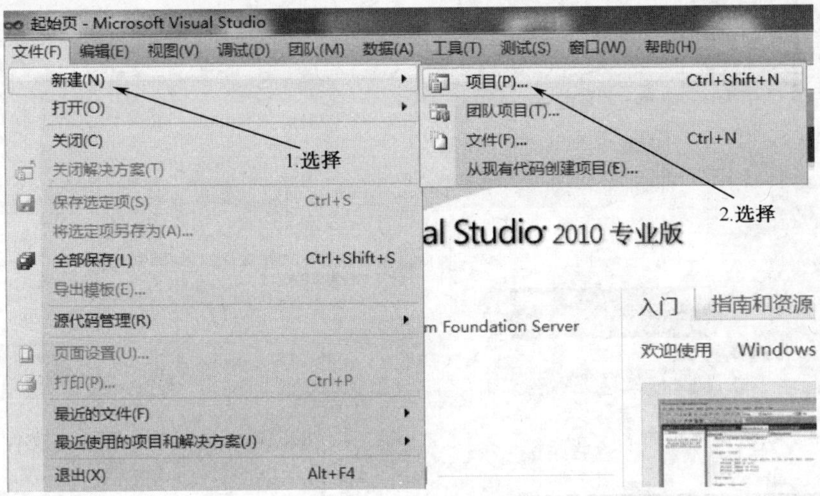


图 1-2　新建项目

（3）选择创建 Windows 窗体应用程序，项目名称为 MySchool（其实读者可以将项目名称设为 ExamSystem，本任务将其名称设为 MySchool 的目的是为以后项目移植打基础，具体相关内容请参考项目 4 中的任务 4.1），如图 1-3 所示。

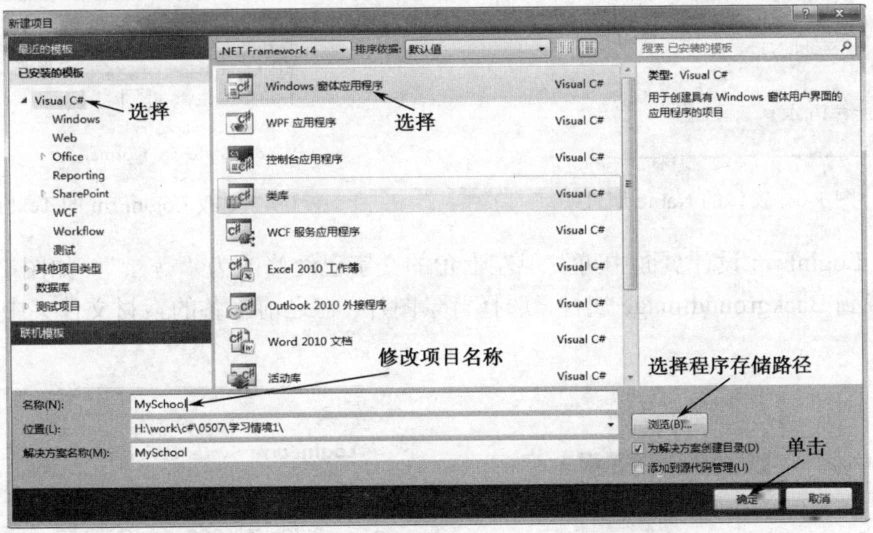


图 1-3　创建项目 MySchool

（4）将图片素材复制到 MySchool 目录下，以备使用。

（5）在解决方案资源管理器中对 Form1 窗体重命名，如图 1-4 所示。

（6）默认窗体重命名为“LoginFrm.cs”，在弹出的对话框中确认修改，如图 1-5 所示。

（7）至此，可以发现默认 Form1 窗体的属性（Name）确实已经重命名，在属性面板中查看，如图 1-6 所示。

（8）在 LoginFrm 的属性面板中找到 Text 属性，将其修改为“登录”，如图 1-7 所示。

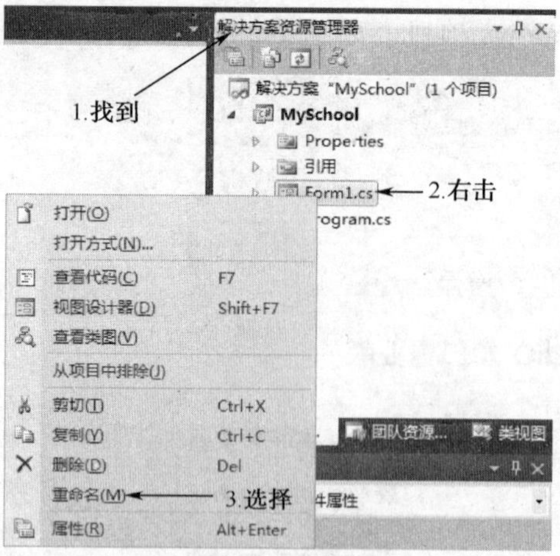


图 1-4　默认窗体重命名

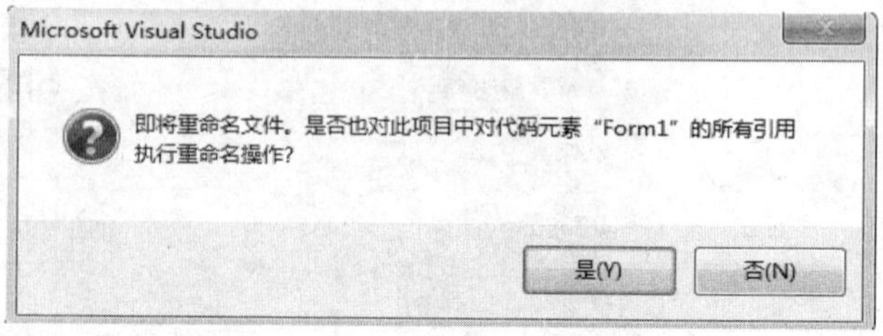

图 1-5　提示确认重命名文件

图 1-6　窗体的 Name 属性

图 1-7　更改 LoginFrm 的 Text 属性

（9）在 LoginFrm 设计页面中可发现左上角的文字已经修改为“登录”，如图 1-8 所示。

（10）找到 BackgroundImage 属性，选择背景图片（在之前准备的素材文件夹中），如图 1-9 所示。

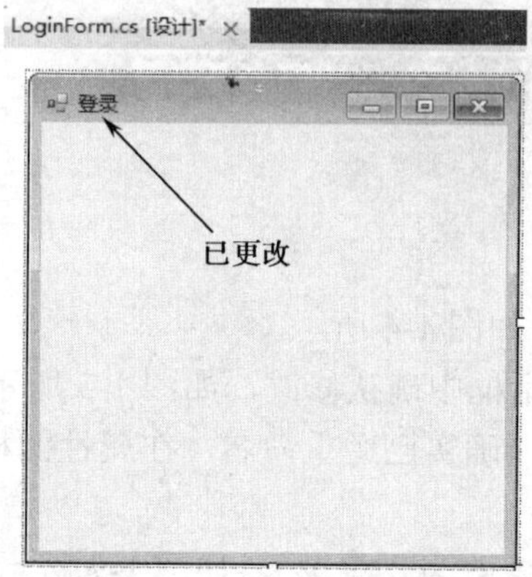


图 1-8　更改窗体标题文字

图 1-9　设置窗体背景图片

（11）背景图片与窗体未必大小一致，利用鼠标调整窗体大小，使窗体与背景图片大小一致，如图 1-10 所示。

图 1-10 调整窗体大小的效果图

（12）在“工具箱”中找到“公共控件”中的“Label”控件，将其拖动到窗体合适位置，如图 1-11 所示。

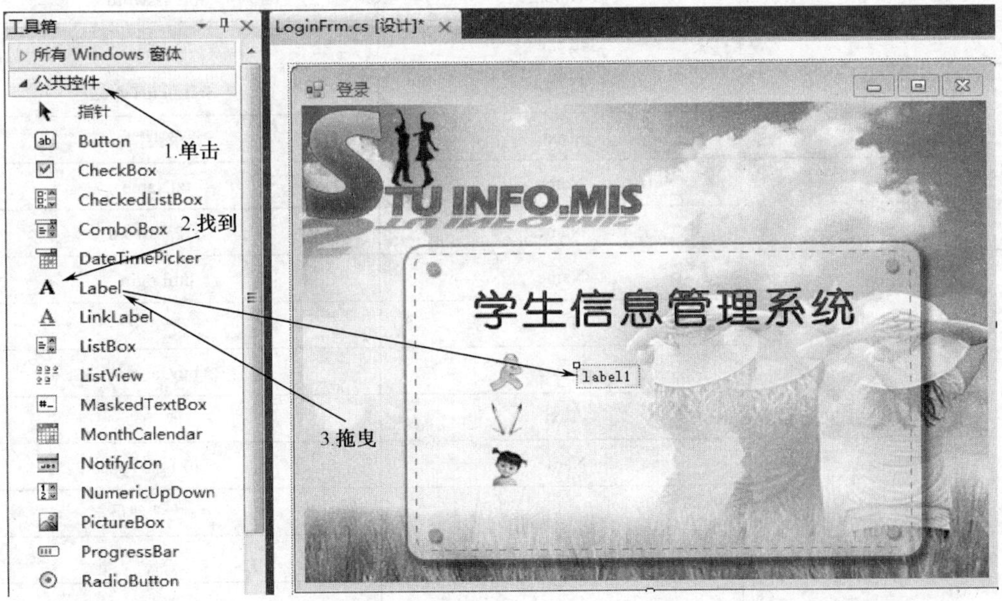


图 1-11 在窗体中添加 Label 控件

（13）修改的 Label 控件的 Name 属性为“lblName”，Text 属性为“用户名：”。

（14）参考上一步的方法，继续从工具箱中添加 2 个 Label 控件、2 个 Textbox 控件、2 个 Button

控件、1 个 ComboBox 控件到 LoginFrm 窗体中。调整控件位置，最终界面如图 1-12 所示。

图 1-12　登录页面设计图

新添加的控件主要需要修改的属性值如表 1-1 所示。

**表 1-1　控件属性设定值**

| 控件名称 | 属　性 | 设定值 |
|---|---|---|
| Label | Name | lblPassword |
| | Text | 密　码: |
| | Name | lblLoginType |
| | Text | 登录类型: |
| Textbox | Name | txtName |
| | Name | txtPassword |
| Button | Name | btnLogin |
| | Text | 登　录 |
| | Name | btnCancel |
| | Text | 取 消 |
| ComboBox | Name | cboLoginType |
| | Items | 系统管理员 |
| | | 教师 |
| | | 学生 |

（15）添加管理员主窗体，窗体名为 MainFrm.cs，如图 1-13 所示。

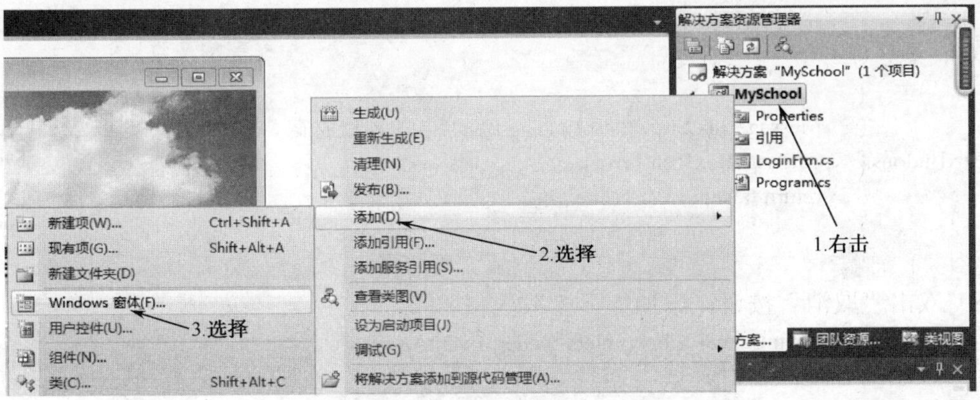


图 1-13　添加管理员主窗体

（16）设计管理员窗体，如图 1-14 所示（也可暂时只新增一个管理员窗体，具体设计以后实现）。

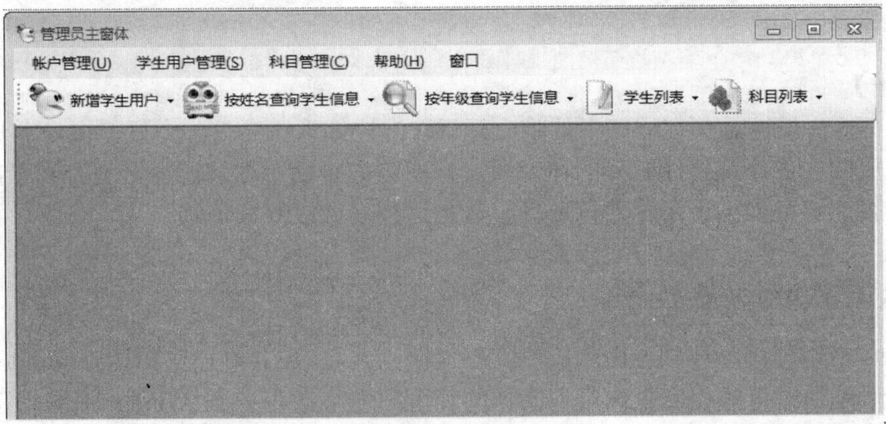


图 1-14　管理员窗体

（17）双击 LoginFrm 窗体中的“登录”按钮，添加如下程序代码。

```
private void btnLogin_Click(object sender, EventArgs e)
{
    if (CheckUser())
    {
        MainFrm mainFrm = new MainFrm();
        mainFrm.Show();
        this.Hide();
    }
}
```

CheckUser()方法参考代码如下。

```
private bool CheckUser()
{
    string name = txtName.Text.Trim();
    string password = txtPassword.Text.Trim();
    string type = cboLoginType.Text.Trim();
    if (name == “admin” && password.Equals(“123”) && type == “系统管理员”)
```

```
                    return true;
                else
                {
                    MessageBox.Show("请输入正确的用户名和密码，选择登录类型", "操作提示",
MessageBoxButtons.OK, MessageBoxIcon.Error);
                    return false;
                }
            }
```

（18）双击“取消”按钮，添加如下参考程序。

```
            private void btnCancel_Click(object sender, EventArgs e)
            {
                DialogResult  result  =  MessageBox.Show("确定取消登录吗?", "操作提示",
MessageBoxButtons.YesNo, MessageBoxIcon.Question);
                if (result == DialogResult.Yes)
                {
                    this.Close();
                }
            }
```

【小贴士】

控件的 Name 属性是其在程序中的唯一标识，为控件重命名是一个好习惯，不要养成使用系统自动生成的名称作为控件名称的坏习惯。好的名称有助于理解程序，更有利于高速编程，不管现在是否能够意识到重命名的重要性，请先这样去做以养成习惯。

## 1.1.2 认识 Windows 程序

Windows 应用程序与控制台应用程序有很大区别，在.NET 中开发和设计 Windows 应用程序在很多时候是通过可视化的方式进行操作的。下面先来认识一下 Windows 应用程序的解决方案资源管理器，如图 1-15 所示。

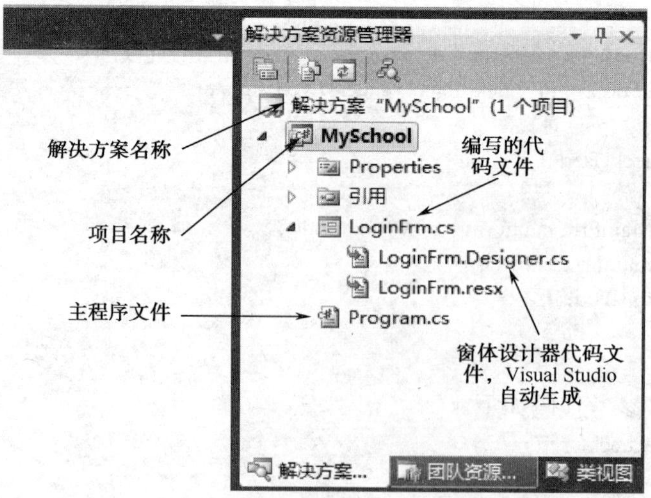


图 1-15 解决方案资源管理器

Form1.cs：窗体文件，程序员对窗体开发的代码一般存放在这个文件中。

Form1.Designer.cs：窗体设计文件，其中的代码是由 Visual Studio 自动生成的，一般不需要修改，建议大家不要轻易修改其中的代码。

Form1.resx：资源文件，用来配置当前窗体所使用的字符串、图片等资源。

Program.cs：主程序文件，其中包含程序入口的 Main()方法，在创建项目时会自动生成此文件，自动生成时参考代码如下。

```
using System;
using System.Collections.Generic;
using System.Linq;
using System.Windows.Forms;

namespace MySchool
{
static class Program
{
        /// <summary>
        /// 应用程序的主入口点
        /// </summary>
        [STAThread]
        static void Main()
        {
            Application.EnableVisualStyles();
            Application.SetCompatibleTextRenderingDefault(false);
            Application.Run(new Form1());
        }
}
}
```

此部分代码是自动生成的，一般情况下只会修改第 3 句代码“Application.Run(new Form1());”，此语句指明了程序启动时运行的窗体。例如，任务 1.1 中此部分代码会写为如下形式，其中加黑的部分是需要修改的代码。

```
        static void Main()
        {
            Application.EnableVisualStyles();
            Application.SetCompatibleTextRenderingDefault(false);
            Application.Run(new LoginFrm());
        }
```

## 1.1.3 设计编码各司其职

在 Visual Studio 中，Windows 窗体有两种编辑视图：窗体设计器和代码编辑器。

窗体设计器的主要任务是在进行窗体界面设计、拖放控件、设置窗体及控件属性等操作时使用的，不需要编写代码，一般只需使用鼠标即可进行可视化操作，如图 1-16 所示。

代码编辑器是手动编写代码时用到的，Visual Studio 会在窗体界面设计时自动添加一部分代码，如图 1-17 所示。

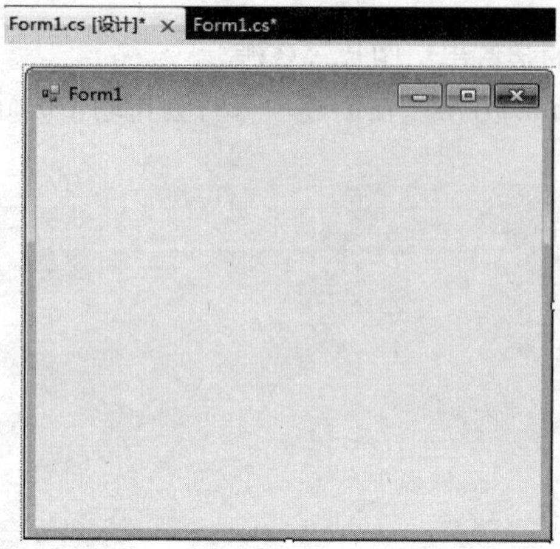


图 1-16　窗体设计器

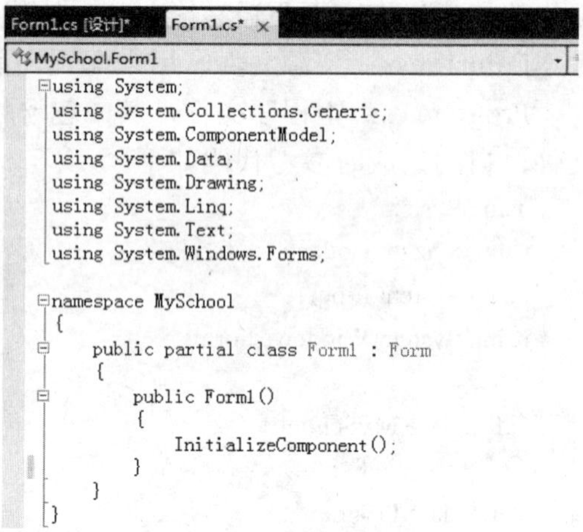


图 1-17　代码编辑器

重点关注以下代码：

```
public partial class Form1 : Form
{
        public Form1()
        {
            InitializeComponent();
        }
}
```

此部分代码包含了两个新内容：partial 和 Form。

### 1. partial

在代码中出现的 partial 的含义是“部分的”，C#中这个单词意味着这部分代码是整体窗体代码的一个组成部分。我们知道东西都放在一起是很难管理的，但是分开摆放就比较容易管理。正是基于这个思想，可以使用 partial 关键字将本应该放在同一个窗体（类）中的代码分开放在多个文件中。每个文件都是窗体（类）的一部分代码，称为分布类。代码编译时，编译器会自动将各个分布类的代码合并到一起处理。

利用 Visual Studio 创建的窗体都是分布类。例如，Form1 这个类的代码分布在两个文件中：Form1.cs 和 Form1.Designer.cs。编写的代码放在 Form1.cs 文件中，而 Form1.Designer.cs 中的代码都是 Visual Studio 自动生成的，它负责定义窗体及控件的位置、大小等，一般不需要直接操作这个文件。Form1.cs 和 Form1.Designer.cs 的程序代码具有相同的命名空间和相同的类目，并且都在类名前增加了 partial 关键字。在编译时，Visual Studio 会识别出来，并把它们合并成一个类来进行处理。这样做的好处是分离关注点，程序逻辑代码与界面设计分离，使程序员的关注点更多地放在逻辑代码的实现上，在实现程序功能的时候不再受到界面代码的影响。

使用 partial 可以让程序结构更加清晰，如图 1-18 所示。

### 2. Form

Form 是.NET Framework 定义好的一个最基本的窗体类，具有窗体的一些最基本的属性和方法。冒号表示继承，我们创建的窗体都继承于 Form 类，那么它就具有了 Form 类中定义的属性和方法。窗体的主要属性和方法如表 1-2 所示。

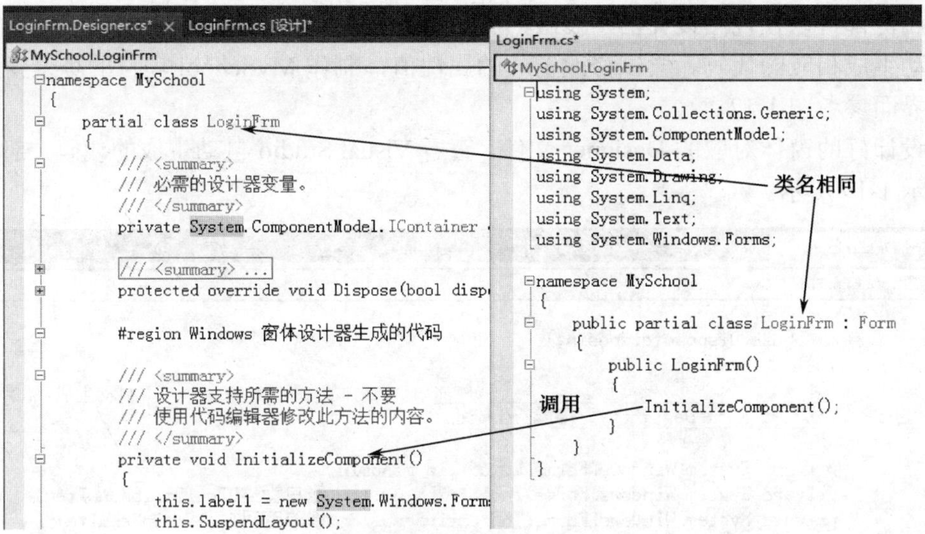


图 1-18　partial 使程序更清晰

**表 1-2　窗体的主要属性和方法**

| 属　性 | 说　明 |
|---|---|
| Name | 窗体对象的名称，是程序的唯一标识 |
| BackColor | 窗体的背景色 |
| BackgroundImage | 窗体的背景图像 |
| FormBorderStyle | 窗体显示的边框样式，有 7 个可选值，默认值为 Sizable |
| MaximizeBox | 确定窗体标题栏的右上角是否有最大化框，默认为 True |
| MinimizeBox | 确定窗体标题栏的右上角是否有最小化框，默认为 True |
| ShowInTaskbar | 确定窗体是否出现在 Windows 任务栏中，默认为 True |
| StartPosition | 确定窗体第一次出现时的位置 |
| Text | 窗体标题栏中显示的文本 |
| IsMdiContainer | 指示窗体是否为多文档界面(MDI) 中的子窗体的容器 |
| WindowState | 获取或设置窗体的窗口状态 |
| AcceptButton | 获取或设置一个值，该值是一个按钮的名称，当用户按 Enter 键时相当于单击了窗体上的该按钮 |
| CancelButton | 获取或设置一个值，该值是一个按钮的名称，当用户按 Esc 键时相当于单击了窗体上的该按钮 |
| ForeColor | 获取或设置控件的前景色 |
| 方法 | 说明 |
| Show() | 该方法的作用是使窗体显示出来 |
| ShowDialog() | 该方法的作用是将窗体显示为模式对话框 |
| Hide() | 该方法的作用是把窗体隐藏起来 |
| Close() | 该方法的作用是关闭窗体 |
| Refresh() | 该方法的作用是刷新并重画窗体 |

这些属性都可以在视图设计器中修改，每修改一个属性，Visual Studio 会在窗体的 Designer 文件中自动生成相应的代码。尝试修改窗体的属性值，制作 MySchool 项目的登录窗体，修改后的程序界面参考图 1-12。

打开设计好的窗体对应的 Designer 文件，查看 Visual Studio 自动生成的代码，部分参考代码如图所示 1-19 所示。

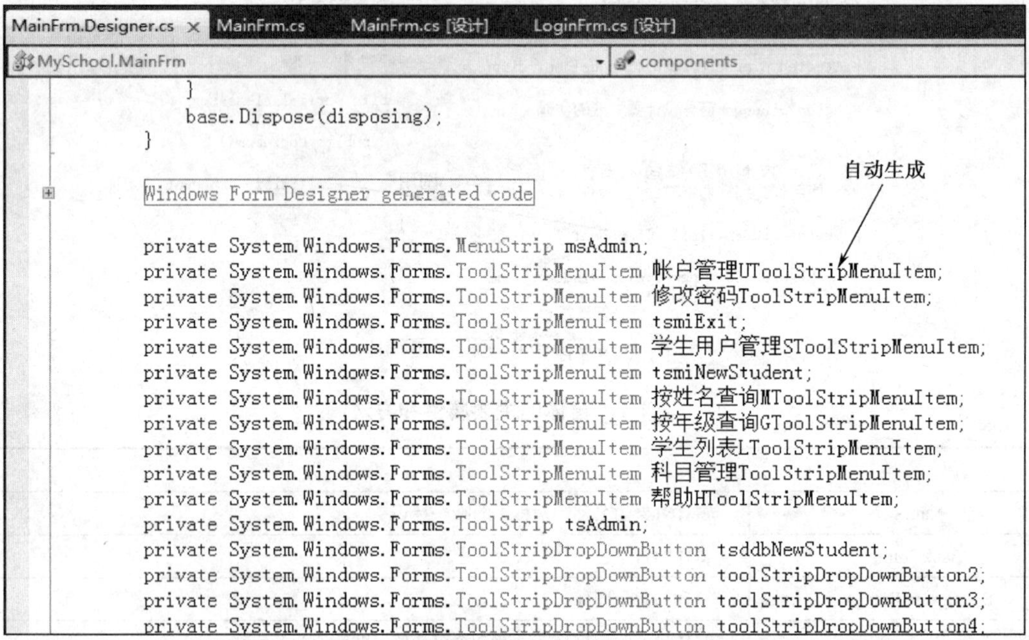


图 1-19　Designer 文件自动生成的部分代码

**【小贴士】**

FormBorderStyle 属性用于设置窗体的边框样式，在设计窗体时需要根据实际情况选择合适的属性值。例如，在本任务中，如果任由用户放大或缩小窗体，则会导致背景图片与窗体不匹配的情况，为了避免这种情况的出现，可以设置 FormBorderStyle 的属性值为 FixedSingle。

同样，可以设置窗体的 MaximizeBox 属性为 False。

### 1.1.4　C#中的事件

事件就是对象之间通信的一种机制。在面向对象的编程语言中，任何一个对象都可以有相应的事件。平时我们在计算机上的操作基本上都是通过鼠标和键盘完成的，单击鼠标或者敲击键盘，系统会有相应的反应。这些鼠标单击、鼠标释放、键盘按下、键盘释放都是 Windows 操作系统中的事件。Windows 操作系统本身就是通过事件来处理用户请求的。例如，单击“开始”按钮就会打开“开始”菜单，双击某个文件夹图标，就会打开该文件夹窗口等。

Windows 的这种随时响应用户触发的事件，并做出相应处理的机制称为事件驱动机制。使用 Visual Studio 创建 Windows 程序也是由事件驱动的。那么，怎么才能让程序知道发生了什么事件呢？.NET Framework 为窗体和控件定义了很多常用的事件，只要针对用户触发的事件，编写相应的事件处理程序即可。

编写事件处理程序：窗体和控件都有很多定义好的事件，比较常用的有窗体的 Load 事件，按钮的 Click 事件等。有关控件的具体事件，可以在 Visual Studio 中选择控件，在“属性”面板中查看事件列表。

在 Visual Studio 中编写事件处理程序非常方便，步骤如下。

（1）单击要创建事件处理程序的窗体或控件。

（2）在“属性”面板中单击事件按钮 。

（3）双击要处理的事件定位到事件处理方法。

（4）编写处理代码。

参照上述步骤，编写“取消”按钮单击事件的处理程序，代码如下所示。

```
private void btnCancel_Click(object sender, EventArgs e)
{
    DialogResult result = MessageBox.Show("确定取消登录吗?", "操作提示",
MessageBoxButtons.YesNo, MessageBoxIcon.Question);
    if (result == DialogResult.Yes)
    {
        this.Close();
    }
}
```

上面程序代码中的方法存在两个参数，作用说明如下。

（1）sender 是事件源，代表发生了这个事件的对象，如在这个事件中，事件源就是按钮。不同的控件可能会共用同一个事件处理方法，可以通过 sender 得到发生事件的控件，这需要进行强制类型转换。

（2）e 是事件参数（EventArgs）对象，不同的事件会有不同的事件参数。

## 1.1.5 友好的交互：消息框

在 Windows 操作系统中，删除文件时常常会弹出消息框，提醒用户进行下一步操作，防止用户误操作的发生，如图 1-20 所示。

图 1-20 文件删除消息框

在 WinForms 中，消息框是一种预制的模式对话框，用于向用户显示文本消息。通过调用 MessageBox 类的静态 Show 方法来显示消息框。显示的文本消息是传递到 Show 的字符串参数。利用 Show 方法的若干重载还可以提供标题栏的标题。常见的消息框有以下 4 种类型。

（1）最简单的消息框，语法如下。

```
MessageBox.Show("要显示的字符串");
```

（2）带标题的消息框，语法如下。

```
MessageBox.Show("要显示的字符串","消息框的标题");
```

（3）带标题、按钮的消息框，语法如下。

```
MessageBox.Show("要显示的字符串","消息框的标题",消息框按钮);
```

（4）带标题、按钮、图标的消息框，语法如下。

```
MessageBox.Show("要显示的字符串","消息框的标题",消息框按钮,消息框图标);
```

消息框的 Show 方法是有返回值的，通常会再次对 Show 方法的返回值进行判断，用于判断用户进行了何种选择，然后进行相应的操作。Show 方法的返回值的数据类型是 DialogResult，DialogResult 的值为枚举类型，如 DialogResult.OK 等，通常程序代码可参考如下。

```
DialogResult result = MessageBox.Show( "请输入用户姓名", "输入提示",
        MessageBoxButtons.OKCancel,   MessageBoxIcon.Information);
if (result == DialogResult.OK)
{
        MessageBox.Show("你选择了确认按钮");
}
else
{
      MessageBox.Show("你选择了取消按钮");
}
```

在任务 1.1 中，如果单击登录窗口中的"取消"按钮则直接关闭窗体，这样做是非常不友好的，有时可能不是用户有意单击的，而只是一个误操作。因此，在关闭窗体前，要弹出一个消息框，请用户确认关闭窗体的操作，如果用户确定关闭，则关闭窗体，否则回到之前的窗体。程序执行情况如图 1-21 所示，参考代码如下。

```
        private void btnCancel_Click(object sender, EventArgs e)
        {
            DialogResult  result  =  MessageBox.Show(" 确 定 取 消 登 录 吗 ?",  " 操 作 提 示 ",
MessageBoxButtons.YesNo, MessageBoxIcon.Question);
            if (result == DialogResult.Yes)
            {
                this.Close();
            }
        }
```

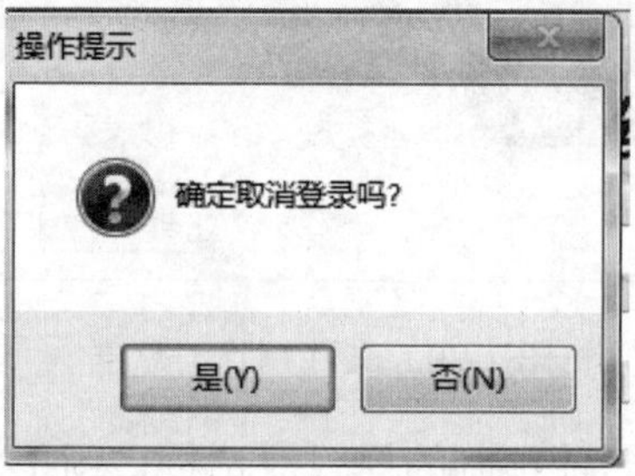


图 1-21　弹出的消息框

## 1.1.6 上机实训

**【上机练习 1】**

设计 ExamSystem 登录窗体。

需求说明:

（1）使用提供的图片素材，设计如图 1-12 所示的登录窗体。

（2）登录类型中提供两个选项：管理员、学生。

**【上机练习 2】**

实现“登录”及“取消”功能。

需求说明：

（1）用户名为 admin，密码为 123，登录类型为管理员，单击“登录”按钮则进入管理员主界面。

（2）单击“退出”按钮时，提示“确认要取消登录吗？”。单击“确定”按钮，离开并关闭程序，单击“取消”按钮返回登录界面。

代码参考任务 1.1。

**【上机练习 3】**

改变窗体背景色。

训练要点：

（1）窗体背景色属性的设置及改变。

（2）添加按钮的 click 事件处理程序。

需求说明：

（1）新建窗体，设置初识背景色为红色。

（2）单击窗体时，如果窗体颜色是红色，则变为黄色。

（3）单击窗体时，如果窗体颜色是黄色，则变为绿色。

（4）单击窗体时，如果窗体颜色是绿色，则变为红色。

实现思路及参考代码：

（1）新建项目，创建 Windows 窗体应用程序。

（2）设置窗体 BackColor 属性为 Red。

（3）添加按钮。

（4）添加按钮事件，改变窗体背景颜色。

按钮事件参考代码如下。

```
private void btnChangeColor_Click(object sender, EventArgs e)
{
    //当鼠标在窗体上单击时，窗体的背景色改变：
    //如果是红色，则变成黄色；如果是黄色，则变成绿色，否则变成红色
    if (this.BackColor==Color.Red)
    {
        this.BackColor = Color.Yellow;
    }
    else if (this.BackColor==Color.Yellow)
```

```
        {
            this.BackColor = Color.Green;
        }
        else
        {
            this.BackColor = Color.Red;
        }
    }
```

# 任务 1.2 设计 ExamSystem 系统学生注册窗体

## 任务描述

设计学生注册窗体，为日后增加学生注册任务做好准备。

## 任务分析

任务本身不存在难度，根据需求添加需要的控件到学生注册窗体中即可。本任务的主要目的是让用户熟悉和掌握常用控件的设置，以及控件的排版布局。

## 1.2.1 任务实现代码及说明

学生注册窗体如图 1-22 所示。

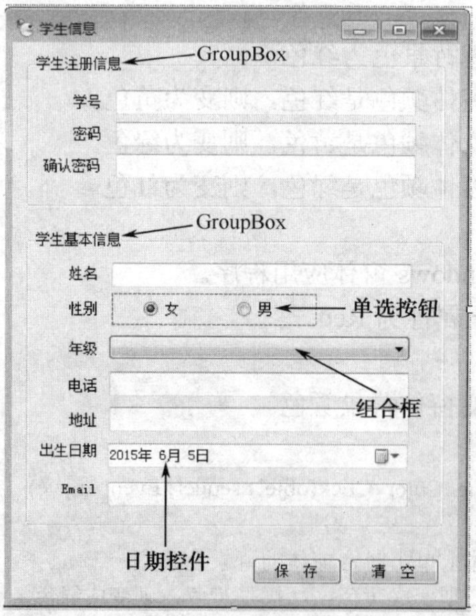


图 1-22　学生注册窗体

“学生注册信息”和“学生基本信息”是 GroupBox 容器控件，可以在工具箱中的“容器”中找到，如图 1-23 所示。

图 1-23　GroupBox 容器控件

GroupBox 控件的主要属性设置如表 1-3 所示。

表 1-3　GroupBox 控件的主要属性设置

| | 属　性 | 设 定 值 |
|---|---|---|
| GroupBox 控件 | Name | grpUserLoginInfo |
| | Text | 学生注册信息 |
| | Name | grpUserInfo |
| | Text | 学生基本信息 |

Label 与 TextBox 控件的主要设置属性如表 1-4 所示。

表 1-4　Label 与 TextBox 控件的主要属性设置

| 控 件 名 称 | 属　性 | 设 定 值 |
|---|---|---|
| Label 控件 | Name | lblStuNo |
| | Text | 学号 |
| | Name | lblPwd |
| | Text | 密码 |
| | Name | lblRePwd |
| | Text | 确认密码 |
| | Name | lblName |
| | Text | 姓名 |
| | Name | lblSex |
| | Text | 性别 |
| | Name | lblGrade |
| | Text | 年级 |
| | Name | lblPhone |
| | Text | 电话 |
| | Name | lblAdress |

续表

| 控件名称 | 属 性 | 设 定 值 |
| --- | --- | --- |
| Label 控件 | Text | 地址 |
| | Name | lblBirthday |
| | Text | 出生日期 |
| | Name | lblEmail |
| | Text | Email |
| TextBox 控件 | Name | txtStudentNo |
| | Name | txtPwd |
| | Name | txtRePwd |
| | Name | txtName |
| | Name | txtPhone |
| | Name | txtAddress |
| | Name | txtEmail |

添加单选按钮控件与日期控件，控件均在工具箱的公共控件中，如图 1-24 所示。

图 1-24　单选按钮控件与日期控件

单选按钮控件与日期控件的主要设置属性如表 1-5 所示。

**表 1-5　单选按钮控件与日期控件的主要设置属性**

| 控件名称 | 属 性 | 设 定 值 |
| --- | --- | --- |
| RadioButton 控件 | Name | rbtnMale |
| | Text | 男 |
| | Name | rbtnFemale |
| | Text | 女 |
| DateTimePicker 控件 | Name | dpBirthday |

添加一个 Panel 控件，并将单选按钮控件放入 Panel 控件内，Panel 控件在工具箱的容器中，如图 1-25 所示。

添加 ComboBox 组合框控件，更改组合框 Name 属性值为 cboGrade。

添加 2 个按钮，分别更改其 Name 属性值为 btnEdit 和 btnClear，相应的 Text 属性更改为“保　存”和“清　空”。

调整控件大小并摆放到合适位置。

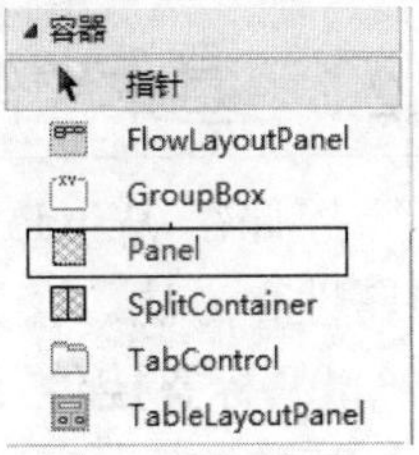


图 1-25　Panel 控件

## 1.2.2　控件命名规范

在程序设计中，如果不对控件按照一定的规则进行命名很容易混淆控件，希望读者从一开始就养成规范控件命名的习惯。控件的命名主要有 Pascal 和 Camel 两种方法。Pascal 方法是每个单词的首字母大写，如 ProductType。Camel 方法指首个单词的首字母小写，其余单词的首字母大写，如 productType。

一些常用的 C#成员及其推荐命名方法如表 1-6 所示。

**表 1-6　常用的 C#成员及其推荐命名方法**

| 类　型 | 规　则 | 示　例 |
|---|---|---|
| 类（Class） | Pascal | Student |
| 枚举类型（enum） | Pascal | Color.Red |
| 项目 | Pascal | MySchool |
| 方法（function） | Pascal | CheckUser() |
| 属性 | Pascal | Text |
| 变量、参数 | Camel | strName |
| 常量 | 全部大写 | CAPTION |

常用控件命名一般采取缩写前缀加名称的方式，常见控件命名规范及示例如表 1-7 所示。

**表 1-7　常见控件命名规范及示例**

| 类　型 | 前　缀 | 示　例 |
|---|---|---|
| Button | btn | btnSubmit |
| CheckBox | chk | chkBlue |
| CheckBoxList | chkl | chklFavColors |
| DropDownList | drop | dropCountries |
| Image | img | imgAuntBetty |
| Label | lbl | lblResults |
| ListBox | lst | lstCountries |
| Panel | pnl | pnlForm2 |
| RadioButton | rad | radFemale |
| TextBox | txt | txtName |
| GroupBox | grp | grpUserInfo |

### 1.2.3 基本控件介绍

控件在 Windows 程序开发和设计时经常使用，下面将介绍一些在任务中用到的控件的主要属性和方法。

#### 1. 标签控件

标签控件（Label 控件）主要用于在窗体上增加文字说明，如为文本框、列表框等添加标签文字等，以便程序用户能根据标签文字的提示进行正确操作。标签控件常用的属性如表 1-8 所示。

表 1-8 标签控件常用属性

| 属 性 | 说 明 |
|---|---|
| Name | 用于设置标签控件的名称 |
| Text | 用于设置标签控件的显示内容 |
| Alignment | 用于设置标签中文本的对齐方式 |
| AutoSize | 用于设置标签的大小是否根据其中所含文字的多少进行自动调整 |
| BackStyle | 用于设置标签对象是否透明 |

#### 2. 文本框控件

文本框控件（TextBox 控件）主要用于获取用户输入的信息或向用户显示的文本，通常用于可编辑文本，但也可使其成为只读控件。文本框可以显示多个行，对文本换行使其符合控件的大小及添加基本的格式等。TextBox 控件仅允许在其中显示或输入的文本采用一种格式。其主要属性如表 1-9 所示。

表 1-9 文本框控件主要属性

| 属 性 | 说 明 |
|---|---|
| Name | 用于设置控件的名称 |
| Text | 用于设置和显示控件的显示内容 |
| MaxLength | 输入最长字符数 |
| Multiline | 是否可以输入多行文本 |
| PasswordChar | 作为密码框时显示的字符 |

#### 3. 组合框控件

组合框控件（ComboBox 控件）结合了文本框和列表框控件的特点，允许用户在组合框内输入文本或者从列表框中进行选择。组合框的主要属性和事件如表 1-10 所示。

表 1-10 组合框控件主要属性和事件

| 属 性 | 说 明 |
|---|---|
| Name | 用于设置控件的名称 |
| Text | 与组合框关联的文本 |
| Items | 组合框中的项 |
| DropDownStyle | 定义组合框显示的风格 |

续表

| 属　　性 | 说　明 |
|---|---|
| SelectedIndex | 选定项的索引号，从0开始 |
| SelectedItem | 获取当前选定的项 |
| 事件 | 说明 |
| Click | 单击控件时发生 |
| SelectedIndexChanged | 在SelectedIndex属性修改后发生 |

### 3. 按钮控件

按钮控件（Button控件）允许用户通过单击来执行操作。Button控件既可以显示文本，又可以显示图像。当该按钮被单击时，它看起来像是被按下，然后被释放。按钮控件的主要属性和事件如表1-11所示。

表1-11　按钮控件主要属性和事件

| 属　　性 | 说　明 |
|---|---|
| Name | 用于设置控件的名称 |
| Text | 按钮上显示的文本 |
| Enabled | 控件是否可用，值为布尔类型的值 |
| 事件 | 说明 |
| Click | 单击控件时发生 |

### 4. 单选按钮控件

单选按钮控件（RadioButton控件）为用户提供了由两个或多个互斥选项组成的选项集。虽然单选按钮和复选框看似功能类似，但它们存在重要差异：当用户选中某单选按钮时，同一组中的其他单选按钮不能同时选中。相反，可以选中任意数目的复选框。定义单选按钮组将告诉用户："这里有一组选项，您可以从中选择一个且只能选择一个"。单选按钮控件的主要属性和事件如表1-12所示。

表1-12　单选按钮控件主要属性和事件

| 属　　性 | 说　明 |
|---|---|
| Name | 用于设置控件的名称 |
| Text | 按钮上显示的文本 |
| Checked | 单选按钮是否被选中 |
| 事件 | 说明 |
| Click | 单击控件时发生 |

### 5. 分组框控件与面板控件

分组框控件（GroupBox控件）用于为其他控件提供可识别的分组，通常使用分组框控件按功能细分窗体，以达到界面整洁美观易于操作的效果。

面板控件（Panel控件）功能与分组框控件类似，不同之处在于没有标题，但可以显示滚动条。

6. 日期控件

日期控件（DateTimePicker 控件）一般用于使用户可以从日期列表中选择单个值。运行时，单击控件边上的下拉箭头，会显示为两个部分：一个下拉列表，一个用于选择日期。日期控件主要属性如表 1-13 所示。

表 1-13 日期控件主要属性

| 属 性 | 说 明 |
| --- | --- |
| MaxDate | 取得设定最大日期和时间 |
| MinDate | 取得设定最小日期和时间 |
| Value | 控件所选定的日期时间值 |
| Format | 设置控件日期时间显示格式 |

【小贴士】

大部分控件有相同或近似的属性，读者可自行进行尝试使用。但请牢记每次新建一个控件后应马上为其重命名。

## 1.2.4 排列窗体的控件

我们开发的程序不仅功能要强大，界面也要美观友好，最起码要做到窗体上的控件排列整齐，当窗体大小发生改变时，窗体上的控件也要做出相应的调整。Visual Studio 2010 提供了非常方便的多种排列控件的方法。

1. 对齐控件

开始使用 Visual Studio 2010 时，制作出的窗体往往都不是很美观，虽然在拖动控件进入窗体的时候，已经给出了一些辅助的线来帮助对齐控件，但是很有可能创建的窗体类似于图 1-26。

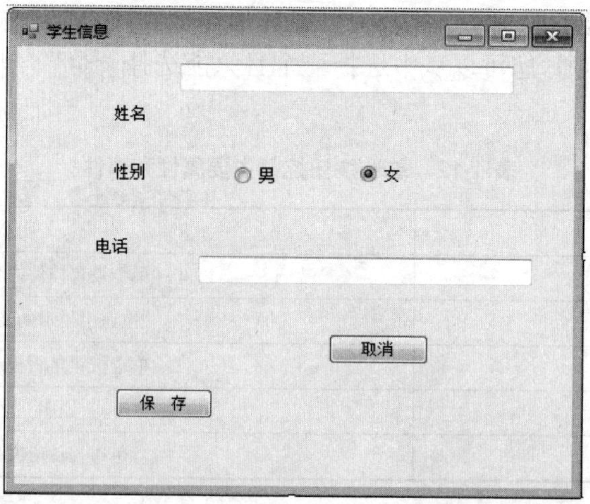


图 1-26 原始窗体

利用 Visual Studio 的对齐功能可以很方便、快捷地完成对齐操作，具体步骤参照如下。

（1）选择需要对齐的控件。

（2）在 Visual Studio 2010 菜单中，选择“格式”→“对齐”选项，选择想要对齐的方式，如图 1-27 所示。

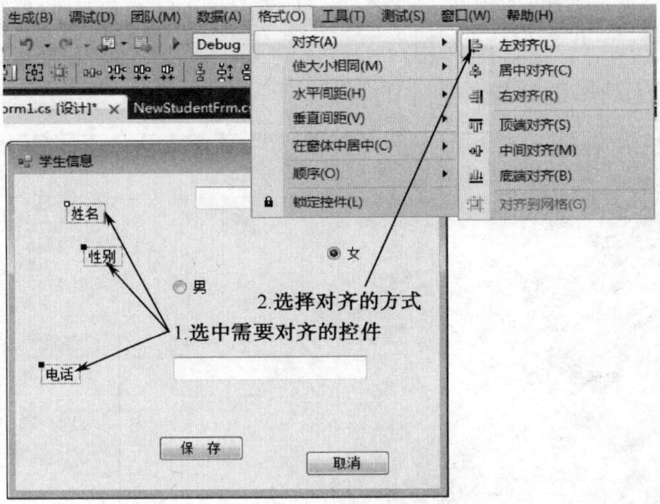


图 1-27 对齐控件

【小贴士】

选择的第一个控件是主控件，其他控件都与它对齐。另外，可在工具栏中找到对齐方式，单击相关按钮即可，如图 1-28 所示。

图 1-28 工具栏中的对齐按钮

重复前面的对齐步骤，直到窗体界面达到满意结果为止，最终窗体界面如图 1-29 所示。

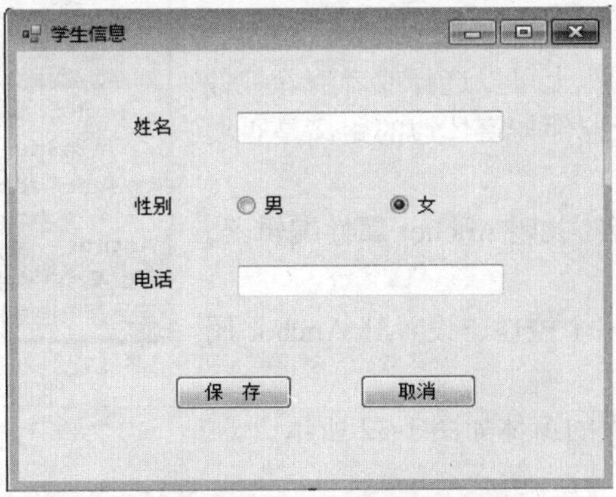


图 1-29 对齐控件后的窗体

### 2. 使用 Anchor 属性

虽然图 1-29 是一个已经对齐控件的窗体，但是在运行时，如果把窗体拉大会发现窗体中的控件变得不美观了，如图 1-30 所示。那么如何使窗体大小发生改变时窗体依然可以保持为如图 1-29 所示的效果呢？

WinForms 中为大多数的控件提供了一个 Anchor 属性，只要设置控件的 Anchor 属性即可。Anchor 是锚定的意思，用于设置控件相对于窗体的某个（或者某几个）边的距离保持不变，从而实现随窗体的变化动态调整控件大小的目的。

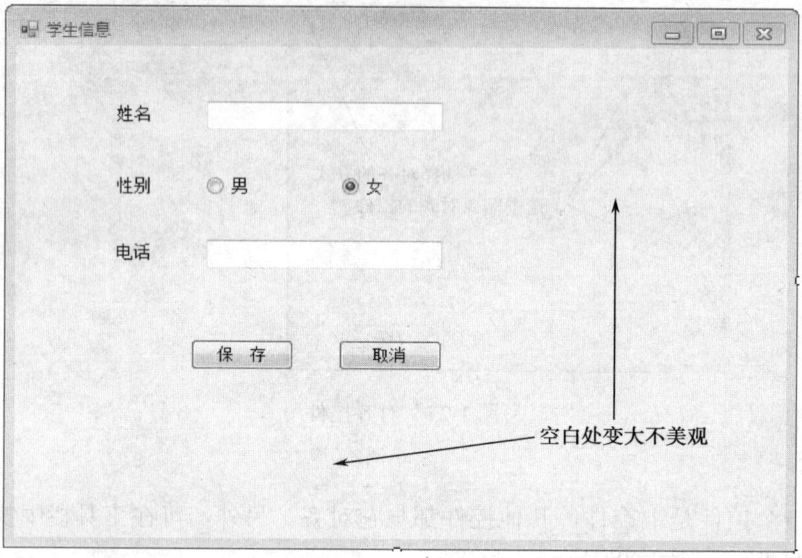


图 1-30　窗体变大后

为了能够看到 Anchor 属性的效果，这里只更改两个按钮的 Anchor 属性，步骤如下。

（1）选定要锚定的控件。

（2）在控件“属性”面板中单击 Anchor 右侧的下拉按钮，控件起始的默认值为 Top、Left，修改为如图 1-31 所示。

（3）在显示的“十字星”上可以选择或者清除控件锚定的边，“十字星”表示控件与窗体边的距离是否要锚定。

（4）单击 Anchor 属性名，关闭 Anchor 属性编辑器。

**【小贴士】**

按住 Ctrl 键可以选择多个控件，设置其 Anchor 属性，一次可以锚定多个控件。

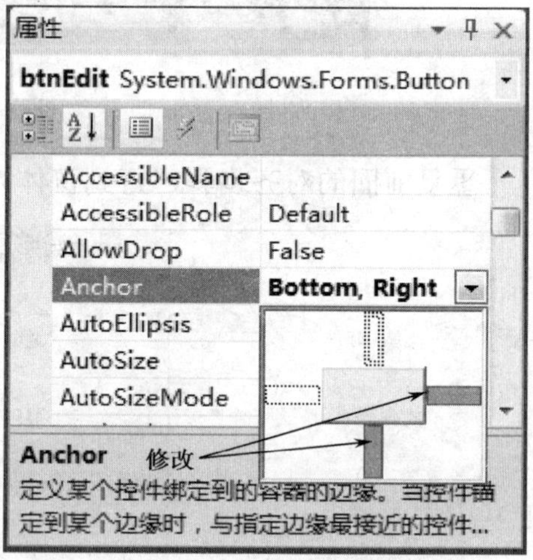


图 1-31　Anchor 编辑器

修改后程序运行时变大的窗体如图 1-32 所示。

### 3. 使用 Dock 属性

除了能让控件跟随窗体动态调整大小外，有时也需要让控件始终保持在窗体的边缘或者填充窗体。例如，常见的 Windows 中的记事本，它的菜单总在窗体的最上面，而它的文本输入区域填充了窗体的剩余部分。要实现类似的效果，就要使用 Dock 属性。Dock 的意思是停靠。

Dock 属性操作步骤与 Anchor 属性类似，操作步骤如下。

（1）选定要停靠的控件。

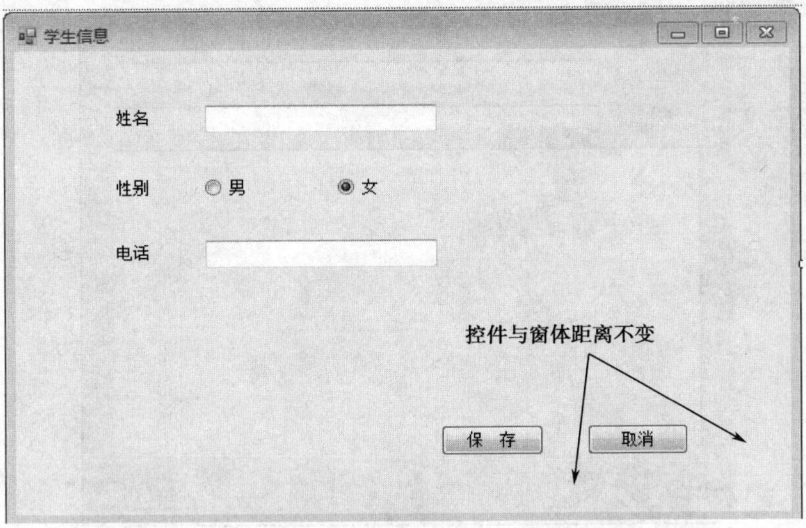


图 1-32 修改后的运行效果

（2）在控件“属性”面板中单击 Dock 属性右侧的下拉按钮，显示 Dock 编辑器，如图 1-33 所示。

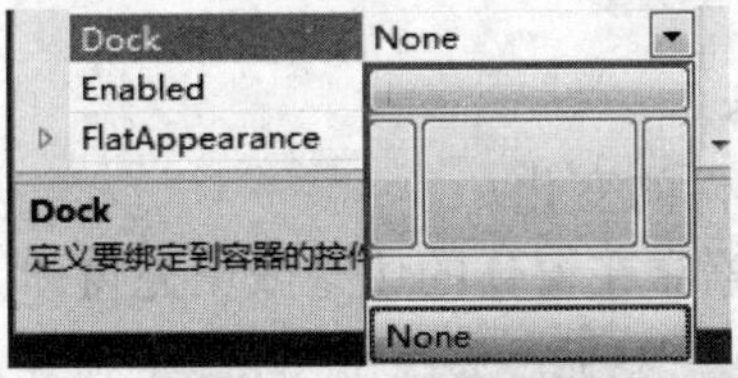


图 1-33 Dock 编辑器

（3）选择停靠方式。

（4）单击 Dock 属性名，关闭 Dock 属性编辑器。

## 1.2.5 上机实训

**【上机练习 1】**

设计学生注册窗体。

需求说明：

窗体界面参考任务 1.2，如图 1-22 所示。

**【上机练习 2】**

利用锚定属性设计“我的消息”窗体。

需求说明：

（1）窗体界面如图 1-34 所示。

（2）变大变小窗体时观察控件的变化，注意控件与边界的距离保持不变。

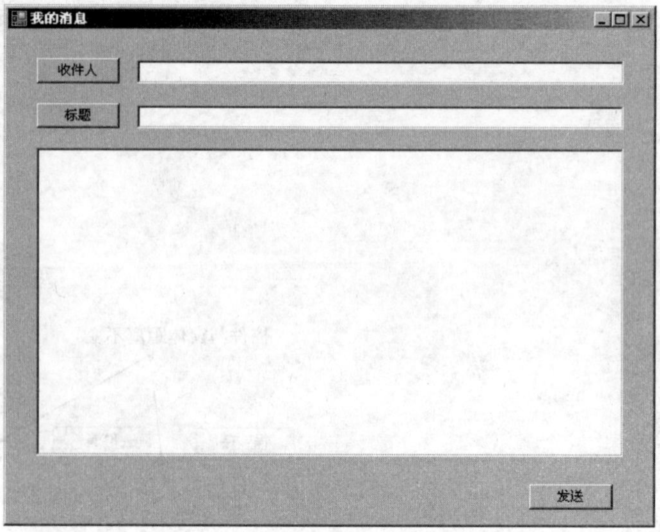


图 1-34 “我的消息”窗体

**【上机练习 3】**

利用 Dock 属性设计“我的记事本”窗体。

需求说明：

（1）窗体界面如图 1-35 所示。

（2）变大变小窗体时观察控件的变化。

（3）使用 Dock 属性将控件停靠在窗体的边缘或填充窗体。

图 1-35 “我的记事本”窗体

# 任务 1.3　设计 ExamSystem 系统管理员主窗体

## 任务描述

在 ExamSystem 登录后显示管理员主窗体，并可在管理员主窗体页面打开任务 1.2 中创建的学生注册窗体。

## 任务分析

管理员主窗体要实现管理员的所有操作，因此在这个主窗体页面中要有各个操作对应的按钮以供管理员使用，当管理员单击相应的按钮后应当打开相应的窗体。

主要完成如下两个任务。

（1）创建管理员窗体的 MenuStrip 与 ToolStrip 菜单。

（2）打开要操作的对应窗体。

## 1.3.1　任务实现代码及说明

根据上面的提示完成任务，首先要解决创建管理员窗体的问题，再实现打开新增学生注册的窗体问题。

（1）打开任务 1.1 中创建的项目 MySchool。

（2）在工具箱中找到“菜单和工具栏”，如图 1-36 所示。

（3）在管理员主窗体页面中添加一个 MenuStrip 控件，更名为“msAdmin”；再添加一个 ToolStrip 控件，更名为“tsAdmin”。

注意，这两个控件会出现在窗体下面的位置，而窗体中的对应控件是其进行编辑的地方，如图 1-37 所示。

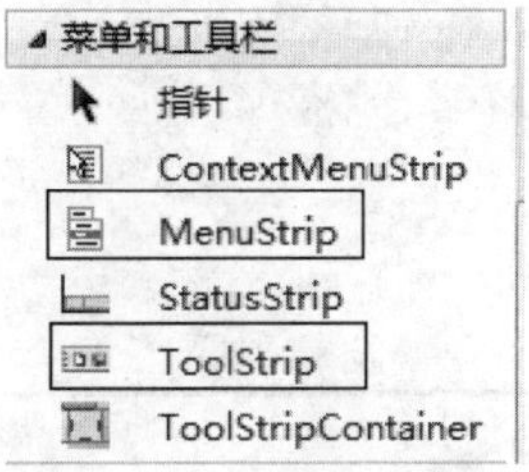


图 1-36　菜单和工具栏

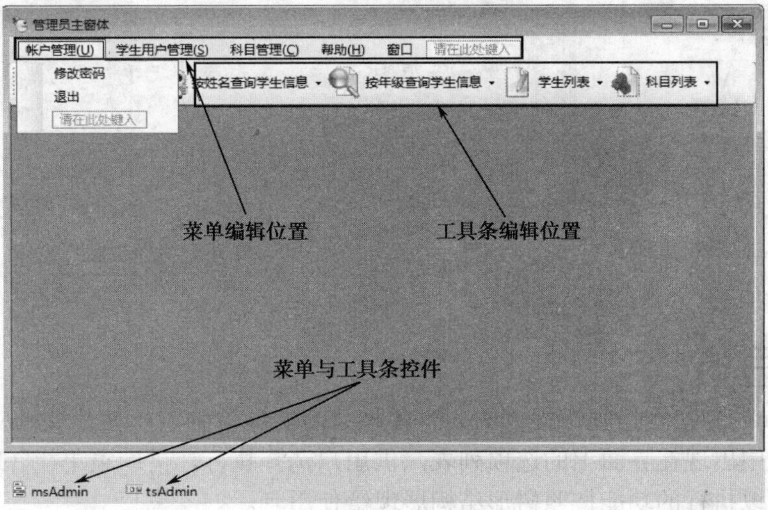


图 1-37　添加 MenuStrip 与 ToolStrip 控件

（4）利用鼠标及键盘实现 MenuStrip 与 ToolStrip 的编辑。

（5）找到管理员窗体页面的属性，修改 IsMdiContainer 属性为“True”，如图 1-38 所示。

图 1-38 修改 IsMdiContainer 属性

（6）双击主菜单“学生用户管理”中的“新增学生”选项，添加其程序代码，参考代码如下。

```
private void tsmiNewStudent_Click(object sender, EventArgs e)
{
    NewStudentFrm newStudent = new NewStudentFrm();
    newStudent.MdiParent = this;
    newStudent.Show();
}
```

（7）单击工具菜单中的“新增学生用户”，选择其 Click 事件关联刚刚生成并完成的“新增学生”事件 tsmiNewStudent_Click，如图 1-39 所示。

（8）运行程序，单击“新增学生用户”按钮，效果如图 1-40 所示。

图 1-39 关联 menu 菜单事件

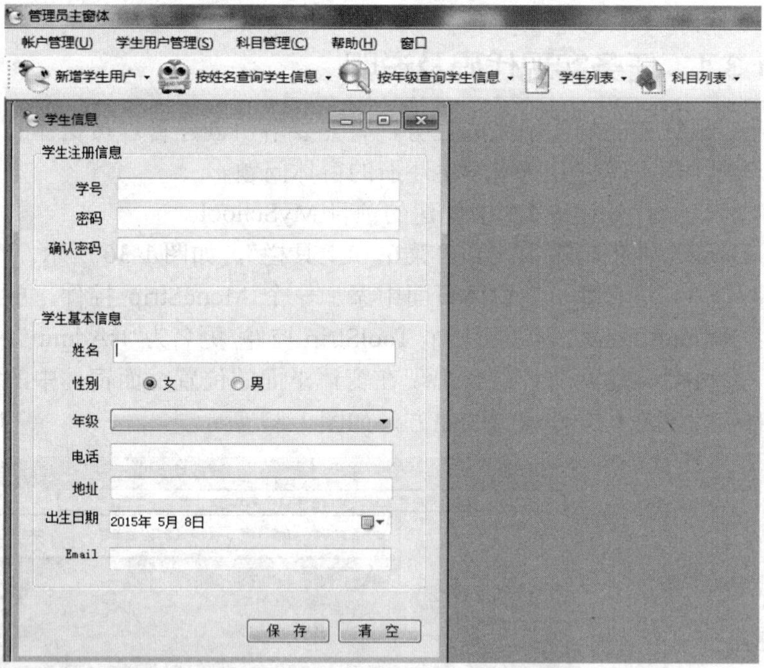


图 1-40 打开新增学生用户窗体

## 1.3.2 菜单栏

菜单（Menu）最初是指餐馆提供的列有各种菜名的清单列表。在计算机应用中，菜单是指应用程序运行中出现在界面上的选项列表，供用户选择执行，借助菜单栏（Menu Strip）可以将应用程序可以执行的功能按照树形结构展现给使用者。

在 Windows 程序中，菜单栏随处可见，如 Word、Excel 等，包括使用的开发工具 Visual Studio。

利用菜单栏控件可以轻松创建 Windows 中的菜单，在菜单中添加菜单项（MenuItem）、组合框、文本框。菜单栏控件的主要属性如表 1-14 所示。

**表 1-14　菜单栏控件主要属性**

| 属　　性 | 说　　明 |
| --- | --- |
| Name | 代码中菜单对象的名称 |
| Items | 在菜单中显示的项的集合 |
| Text | 与菜单相关联的文本 |

在 Items 属性的编辑窗口中，可以添加菜单项、组合框、文本框。菜单项的主要属性和事件如表 1-15 所示。

**表 1-15　菜单项主要属性和事件**

| 属　　性 | 说　　明 |
| --- | --- |
| Name | 代码中菜单项对象的名称 |
| DropDownItems | 在子菜单中显示的项的集合 |
| Text | 与菜单项相关联的文本 |
| 事件 | 说明 |
| Click | 选中该菜单项时，触发该事件 |

创建菜单的步骤如下。

（1）切换到窗体设计器。

（2）在工具箱中，展开“菜单和工具栏”节点。

（3）选中 MenuStrip，并将其拖动到窗体中。

（4）添加菜单项。

（5）设置菜单项的属性和事件。

在本任务中除了添加“新增学生用户”菜单项的代码之外，还可以在账户管理中的“退出”菜单项中添加如下代码。

```
private void tsmiExit_Click(object sender, EventArgs e)
{
    Application.Exit();
}
```

这里使用的是 Application.Exit()方法，之前使用过 this.Close()方法。表 1-16 中列出了这两种方法的区别。

**表 1-16　Application.Exit()和 this.Close()的区别**

| Application.Exit() | this.Close() |
| --- | --- |
| 应用程序类 Application 的静态方法，用于退出当前的应用程序 | 实例方法，用于关闭当前窗体；如果当前的窗体是系统启动窗体，则执行此方法关闭窗体后，应用程序会退出 |
| 如果应用程序打开多个窗体，则关闭所有窗体 | 如果应用程序打开多个窗体，则只关闭当前窗体 |
| 不会触发 FormClosing 和 FormClosed 事件 | 会触发 FormClosing 和 FormClosed 事件 |

我们知道菜单栏可以用键盘快捷键触发，这个实现在 Visual Studio 中非常简单，只需要选中希望添加快捷键的菜单项，并在其后面输入&加快捷键字母即可。为了美观，通常会将快捷键放在括号“()”中，如图 1-41 所示。

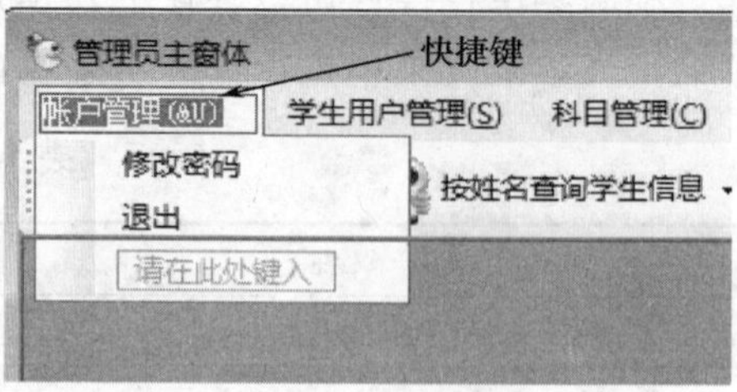


图 1-41　菜单项添加快捷键

## 1.3.3　工具栏

工具栏（ToolStrip）控件可以创建功能非常强大的工具栏。工具栏控件中可以包括按钮、标签、下拉按钮（DropDownButton）、文本框、组合框等，可以显示文字、图片或者文字加图片。

工具栏控件的主要属性如表 1-17 所示。

**表 1-17　工具栏控件主要属性**

| 属　性 | 说　明 |
|---|---|
| ImageScalingSize | 工具栏中项显示图片的大小 |
| Items | 在工具栏中显示的项的集合 |

在 Items 属性的编辑窗口中，可以增加、删除项，也可以调整各项的排列顺序，还可以设置其中每一项的属性。当然，在设计器中选中工具栏中的项，可以直接在“属性”面板中设置其属性。工具栏中显示的按钮和标签的主要属性和事件如表 1-18 所示。

**表 1-18　工具栏中按钮和标签的主要属性和事件**

| 属　性 | 说　明 |
|---|---|
| DisplayStyle | 图像和文本的显示方式 |
| Image | 显示的图片 |
| ImageScaling | 是否调整显示图片的大小 |
| Text | 显示的文本 |
| 事件 | 说明 |
| Click | 单击时触发该事件 |

需要说明的是，工具栏中的内容一般在菜单栏中存在，或者说工具栏中的内容是菜单栏内容的快捷方式。因此，我们很少直接双击工具栏中的项来创建其对应的 Click 事件，而是通过事件关联的方式来实现工具栏的项的事件，可参考如图 1-39 所示的方法。

## 1.3.4　窗体间跳转的方法

在 Windows 程序中经常会遇到在当前窗体跳转到另一窗体的情况，毕竟不是所有 Windows 都是只在一个窗体中完成所有的任务，那么在 Visual Studio 中又是如何实现这一功能的呢？

操作很简单，只有两步，参考如下。

### 1. 定义要打开的窗体对象

语法：

```
被调用的窗体类名　窗体对象 = new 被调用的窗体类名();
```

**2. 显示要打开的窗体对象**

语法：

```
窗体对象 .Show( );
```

例如，之前登录系统成功后跳转到管理员主窗体的主要代码如下。

```
MainFrm mainFrm = new MainFrm();
mainFrm.Show();
```

## 1.3.5 创建 MDI 应用程序

**1. 为什么使用 MDI?**

回想一下 Windows 系统中的“记事本”程序，如果已经打开了一个记事本程序，还想在当前的记事本程序中再打开一个记事本文件，那么新的文件打开之后，原来的文件就会关闭。也就是说，一个记事本程序只能打开一个文件，如果要打开另一个文件，要么把现在打开的文件关闭，要么再创建一个新的记事本程序。这种类型的应用程序称为单文档界面（SDI）应用程序。

如果需要在一个窗口中打开多个文件，则需要多文档界面（MDI）应用程序。

**2. 什么是 MDI?**

MDI 应用程序使用户能同时显示多个文档，每个文档显示在各自的窗口中。MDI 应用程序中常有包含子菜单的“窗口”菜单项，用于在窗口或文档之间进行切换。

例如，常见的 Excel 程序就是 MDI 应用程序，如图 1-42 所示。

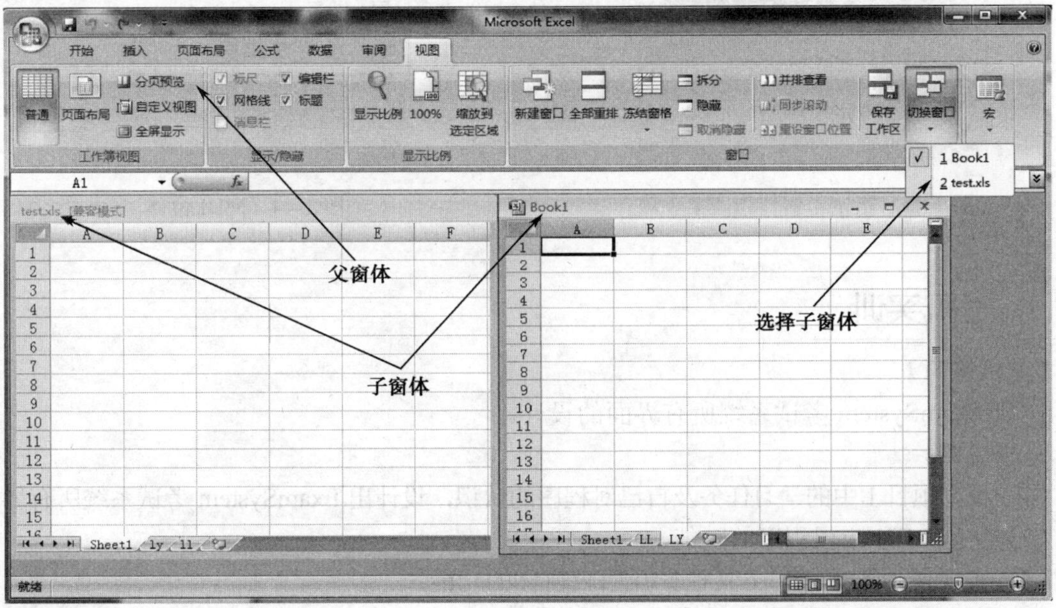


图 1-42　MDI 应用程序示例

**3. 如何创建 MDI?**

创建 MDI 的步骤很简单，可参考以下步骤。

（1）设置父窗体的 IsMdiContainer 属性为 True。

（2）打开子窗体前，指定子窗体的 MdiParent 属性为 this（即父窗体），然后调用 Show()

方法打开子窗体。

任务 1.3 中管理员窗体打开新增学生子窗体的代码如下。

```
private void tsmiNewStudent_Click(object sender, EventArgs e)
{
    NewStudentFrm newStudent = new NewStudentFrm();
    newStudent.MdiParent = this;
    newStudent.Show();
}
```

**4. 父窗体快速切换子窗体方法**

父窗体快速切换子窗体的方法有如下 3 种。

（1）在父窗体中添加菜单栏。

（2）在菜单栏中添加“窗口”菜单项。

（3）设置菜单控件的 MdiWindowListItem 属性为“窗口”菜单项。

其实现方法如图 1-43 所示。

再次运行程序，效果如图 1-44 所示。

图 1-43　指定子窗体列表菜单项

图 1-44　MDI 窗体

## 1.3.6　上机实训

**【上机练习】**

实现 ExamSystem 考试系统所有界面的设计。

需求说明：

（1）根据项目 1 中的学习任务及自己对程序的认识，设计出 ExamSystem 考试系统所有界面。

（2）实现 MDI 应用程序的功能。

（3）实现使用菜单栏和工具栏打开相应窗体的功能。

（4）实现程序登录及退出功能。

## 归纳与总结

- 窗体常用属性。

- 标签、文本框、按钮、组合框等常用控件的属性及使用方法。
- 编写事件处理程序。
- 友好的交互：消息框的 4 种使用方式。
- 窗体显示 Show()和隐藏 Hide()方法的使用。
- 窗体之间如何进行跳转。
- 使用菜单栏控件显示应用程序的菜单，并执行相应的操作。
- 工具栏的使用方法。
- 单选按钮、分组框与面板等基本控件的使用方法。
- 排列窗体控件的 3 种方式：对齐、使用 Anchor 属性、使用 Dock 属性。
- 创建多文档界面的方法。
- 创建多文档界面时需要设置父窗体与子窗体的哪些属性。
- 如何在父窗体上建立子窗体列表。
- 工具栏项的事件如何关联到菜单栏的项事件上。

# 项目 2 对象与类

对象是人们要进行研究的任何事物，从最简单的整数到复杂的飞机等均可看做对象，它不仅能表示具体的事物，还能表示抽象的规则和计划。在本项目中，首先学习对象和类的概念，理解对象和类的区别，掌握类的构建；再通过 ATM 系统的开发，初步掌握面向对象程序设计（Object Oriented Programming，OOP）的简单步骤。

## 工作任务

- 完成 ATM 取款机系统界面和类的设计。
- 完成 ATM 取款机系统验证客户的功能。
- 完成 ATM 取款机系统查询余额的功能。
- 完成 ATM 取款机系统取款功能。
- 完成 ATM 取款机系统转账功能。

## 技能目标

- 理解对象和类的概念。
- 学会如何构建类及其成员字段。
- 简单掌握访问修饰符的使用。
- 学会使用属性封装类。
- 掌握构造函数的简单用法。
- 学会编写类中的方法。

## 预习作业

- 属性和字段有哪些区别？
- 构造函数和普通方法有哪些区别？

# 任务 2.1 ATM 取款机系统界面和类的设计

## 任务描述

模拟实现一个简单的 ATM 取款机的界面，将项目需求转化为类。通过对类中字段的设计，建立初步的面向对象程序设计的思维。

## 任务分析

ATM 取款机的主要功能是插卡、查询、取钱、转账。要采用 OOP 的思路设计程序，需要对问题进行分析后抽象出问题域中存在的类，即银行卡类；通过对类和对象的学习，构建对象并实现系统功能。

### 2.1.1 任务实现代码及说明

本系统的功能描述如下：有一台 ATM 机，当用户插入卡后，如果账号和密码输入正确，则系统将提供以下操作——显示用户信息，取钱，查询余额，转账，退卡。

实现步骤如下。

（1）创建一个 Windows 窗体程序，名称为 SimATM，修改默认的窗体名称为 MainForm.cs，系统的设计界面如图 2-1 所示。

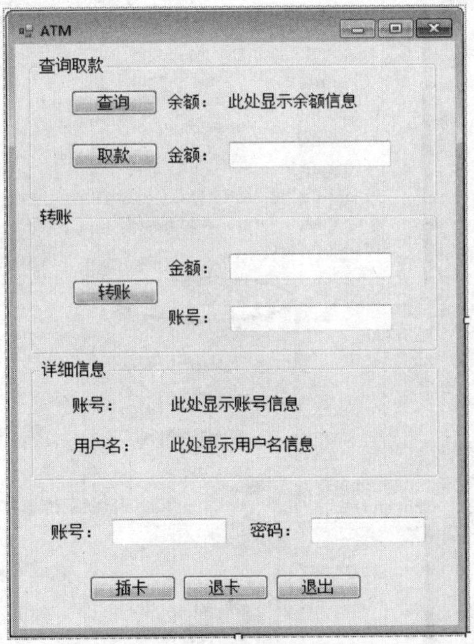


图 2-1 ATM 取款机界面

界面控件的属性设置如表 2-1 所示。

表 2-1　ATM 系统界面控件属性设置

| 控件名 | 属性 | 值 | 控件名 | 属性 | 值 |
|---|---|---|---|---|---|
| Form 窗体 | Text | ATM | TextBox | Name | txtGetMoney |
| GroupBox | Text | 查询取款 | TextBox | Name | txtPostMoney |
| GroupBox | Text | 转账 | TextBox | Name | txtPostNum |
| GroupBox | Text | 详细信息 | TextBox | Name | txtCardNum |
| Button | Name | btnQuery | TextBox | Name | txtPwd |
| | Text | 查询 | | PasswordChar | * |
| Button | Name | btnGet | Button | Name | btnExit |
| | Text | 取款 | | Text | 退出 |
| Button | Name | btnPost | Button | Name | btnQuit |
| | Text | 转账 | | Text | 退卡 |
| Button | Name | btnInsert | Label | Name | lblBalance |
| | Text | 插卡 | | | |
| Label | Name | lblAccountName | Label | Name | lblCardNum |

（2）在项目上右击，在弹出的快捷菜单中选择“添加”→“类”选项，在弹出的添加新项对话框中为该类取名为 Card，如图 2-2 和图 2-3 所示。

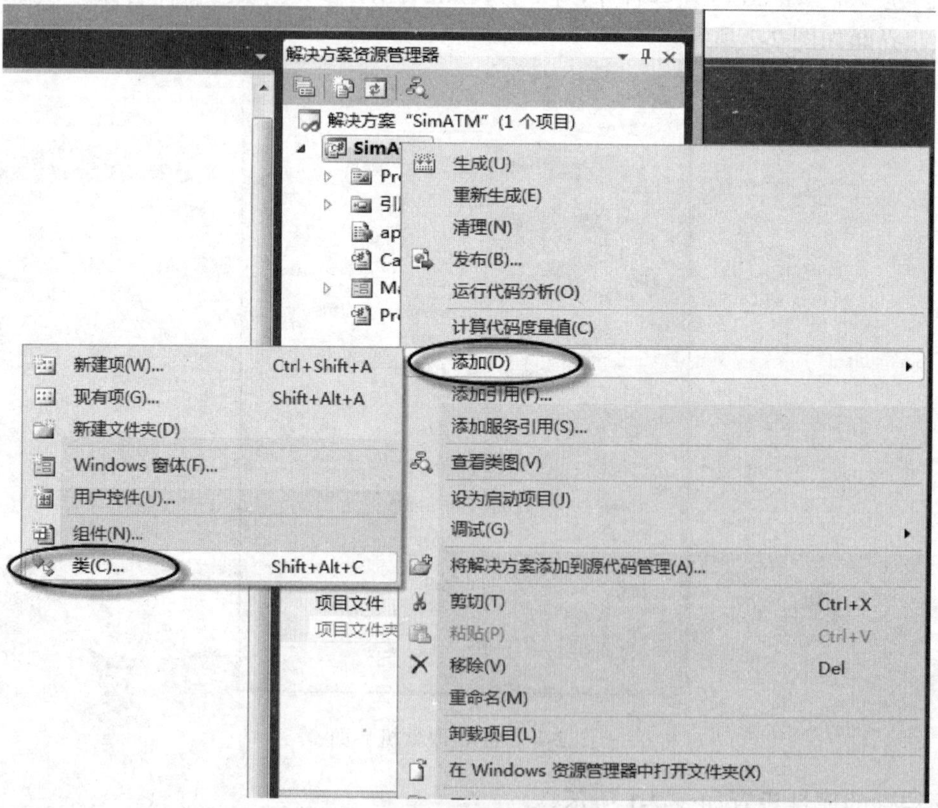


图 2-2　为项目添加一个类

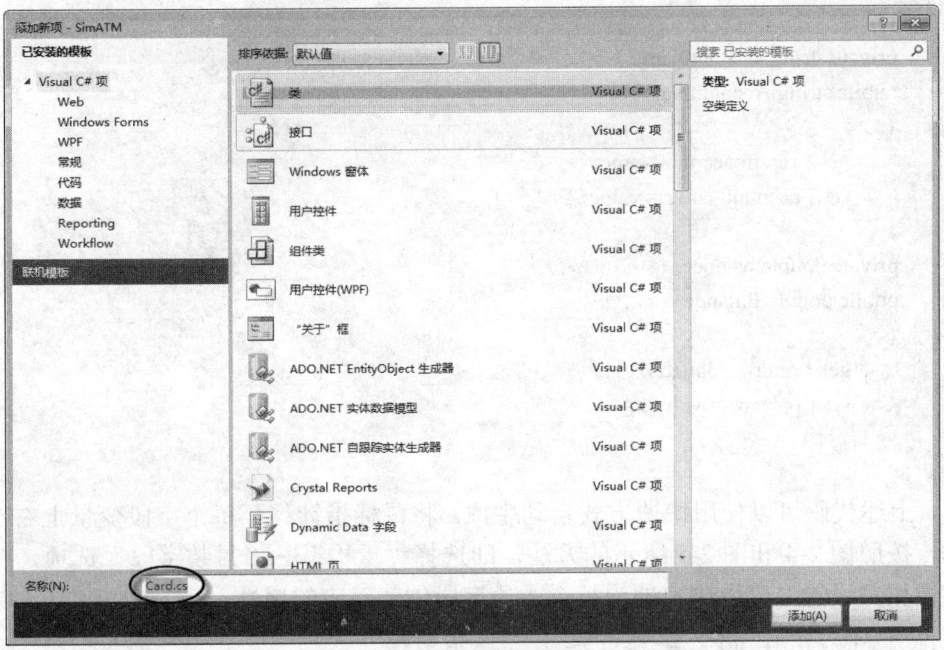


图 2-3　为类取名

（3）在 Card 类中加入如下代码。

```
class Card
{
    private string cardNum;                    //卡号
    private string password;                   //密码
    private string accountName;                //用户名
private double balance;                        //余额
}
```

（4）使用属性对 Card 类进行封装，代码如下。

```
public class Card
    {
        private string cardNum;
        public string CardNum
        {
            get { return cardNum; }
            set { cardNum = value; }
        }
        private string password;
        public string Password
        {
            get { return password; }
            set {
                if (value.Length < 8)
                    password = "00000000";
                else
                    password = value;
            }
```

```
    }
    private string accountName;
    public string AccountName
    {
        get { return accountName; }
        set { accountName = value; }
    }
    private double balance;
    public double Balance
    {
        get { return balance; }
        set { balance = value; }
    }
}
```

注意，上述代码可以使用快速方式自动生成。将鼠标指针移至每个字段变量上右击，弹出快捷菜单，按照图 2-4 和图 2-5 所示的方法，即选择“重构”→“封装字段”选项，在弹出的对话框中做相关设置，可以快速地为每个成员字段创建对应的属性。

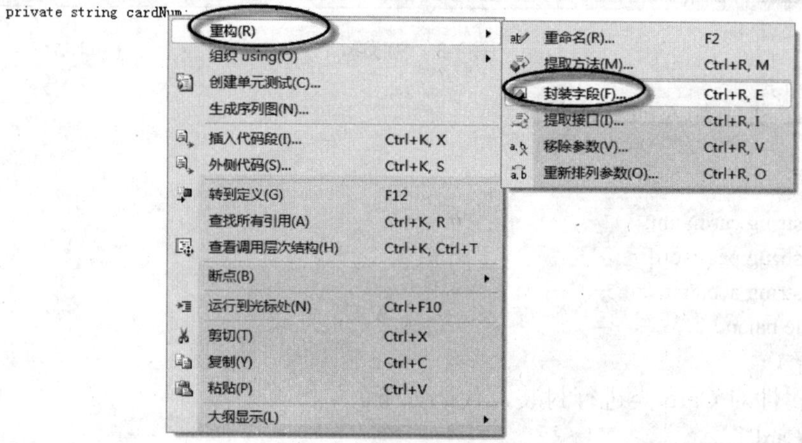

图 2-4　封装字段

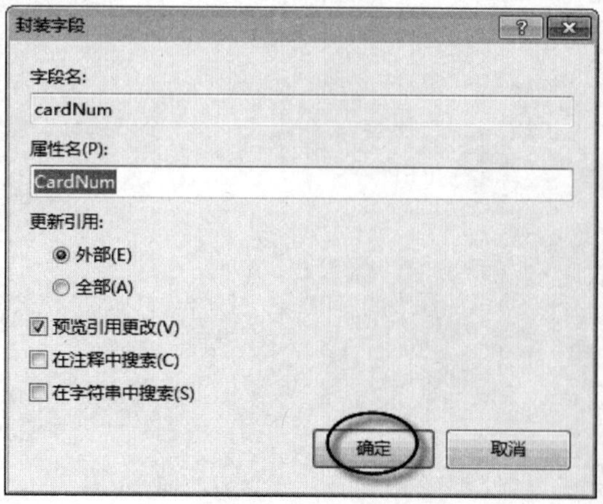

（a）

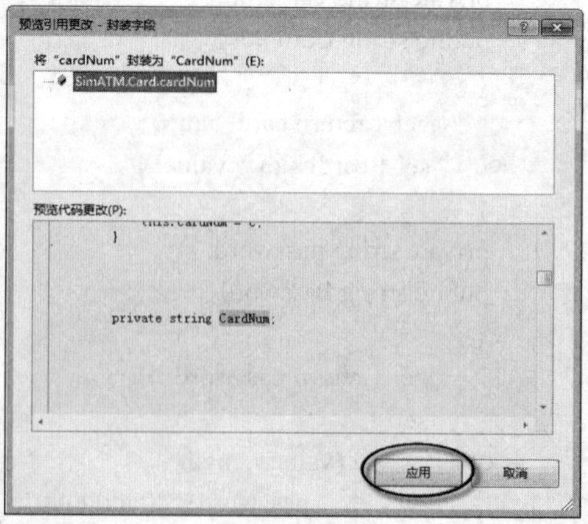

（b）

图 2-5　确定属性名称

## 2.1.2 对象与类

类 class 是一组具有相同特征和相同行为的对象的集合。类是对一系列具有相同性质的对象的抽象，是对对象共同特征的描述。例如，若每一辆汽车是一个对象，则所有的汽车可以作为一个模板，可定义汽车这个类。

要判断一个事物到底是类还是对象，常用“is-a”（是一个）来表达对象与类之间的关系。例如：我的建设银行卡是银行卡的一种，可乐是一种饮料，雕是一种猛禽，篮球是一项球类运动。

所以，建设银行卡和工商银行卡都是对象，属于“银行卡”的一种，均有共同的特点——记录用户的账号、密码等信息。同理，可乐是对象，饮料是类；雕是对象，猛禽是类；篮球是对象，球类运动是类。

**1. 类的定义**

那么，如何定义一个类呢？定义类要考虑如下问题。

（1）想要描述哪些对象？

如果要描述张三的一张银行卡，就得定义一个名为 Card 的银行卡类，然后根据该类创建不同的银行卡对象。

语法：

```
class 类名
{
    //类成员
}
```

例如：

```
class Card
{  //…
}
```

（2）对象有哪些特征？

根据常识可知，银行卡类的特征主要是卡的账号、开户名、密码、余额等。因此，可进一步修改上述的例子。

```
class Card
{
    public string cardNum;              //卡号
    public string password;             //密码
    public string accountName;          //用户名
public double balance;                  //余额
}
```

这里定义了一个名为 Card 的类，其中包括了 4 个类的成员，表示该类具有卡号（cardNum）、密码（password）、用户名（accountName）和余额（balance）4 种特征。在类的构建中，类的特征可以用字段表示。

**2. 类的实例化**

类的目的是创造新的数据类型。为了描述自然界的万事万物，必须有各式各样的数据类型。而 C#只提供有限的几种数据类型，如 int、string 等，要想表现世上的万千事物，实在不够。

在 C#语言中，int、string、char 等被称为基本数据类型，而通过类创造出来的类型被称为抽象数据类型。一般的：

由基本数据类型声明的变量，称为变量。

由抽象数据类型声明的变量，称为对象。

类的实例化过程，就是通过类创建对象的过程。实例化类的语法如下。

```
类名 对象名 = new 类名();
```

我们来想象下面的场景：张三到银行新办了一张银行卡，卡号是“12345678”，密码是“00000000”，张三向卡里存了 1000 元钱。那么如何用代码表示呢？

例【2-1】类的实例化和对象的使用。

```
class Card
    {
        public string cardNum;          //卡号
        public string password;         //密码
        public string accountName;      //用户名
        public double balance;          //余额
    }
    public partial class Form1 : Form
    {
        private void button1_Click(object sender, EventArgs e)
        {
            Card myCard = new Card();
            myCard.cardNum = "12345678";
            myCard.password = "00000000";
            myCard.accountName = "张三";
            myCard.balance = 1000;
        }
    }
```

这里有几点需要说明。

（1）Card 类的声明，最好放在其他类的外面，注意类中不要再定义类，即不要出现类的嵌套。在这个案例中，Bird 类和测试用的 Form1 类地位是平行的。

（2）创建好一个对象后，要对该对象的特征赋值，可采用以下语法。

```
对象名.字段名 = 值;
```

（3）在 Card 类的定义中，出现了关键字 public，该关键字是一个访问修饰符，表示该字段的访问权限。

## 2.1.3 访问修饰符

访问修饰符是一些关键字，用于指定声明的成员或类型的可访问性。访问修饰符包括以下 4 种：public、protected、internal 和 private。这 4 种访问修饰符可以指定 5 种访问级别，如表 2-2 所示。

表 2-2 访问修饰符

| 修饰符 | 作用 |
|---|---|
| public | 访问不受限制 |
| protected | 访问仅限于包含类或从包含类派生的类型 |

续表

| 修 饰 符 | 作 用 |
|---|---|
| Internal | 访问仅限于当前程序集 |
| private | 访问仅限于包含类型 |
| protected internal | 访问仅限于当前程序集或从包含类派生的类型 |

在现阶段只需掌握 public 和 private 的区别。

现在大家做个实验，把例【2-1】中 Card 类成员字段前面的 public 全部删除，会出现什么情况呢？

修改后生成程序，会发现出现了编译错误，如图 2-6 所示。

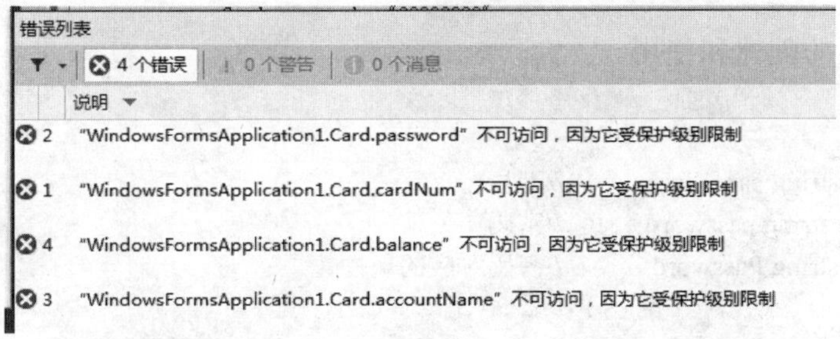


图 2-6　错误提示

这是因为，当字段前面没有访问修饰符时，系统默认的访问权限等同于 private，即该字段只能在 Card 内部被识别，而在 Form1 类中是无法访问的。所以，若想该类的字段在其他类中可以被访问，则可在字段前面加上 public。

## 2.1.4 对象的属性

究竟什么是属性呢？先来看下面这段代码。

```
class Card
{
    public string cardNum;        //卡号
    public string password;       //密码
    public string accountName;    //用户名
    public double balance;        //余额
}
public partial class Form1 : Form
{
    private void button1_Click(object sender, EventArgs e)
    {
        Card myCard = new Card();
        myCard.cardNum = "12345678";
        myCard.password = "111";
        myCard.accountName = "张三";
        myCard.balance = -1000;
    }
}
```

上面的程序运行是没有问题的，可是，新创建的银行卡和现实生活中的不相符：首先，密码的位数不符合要求；然后，普通的银行卡余额是不能出现负数的。

那么，有没有一种办法可以限制对敏感字段的数据更新操作呢？属性能帮助我们实现这个要求。属性是类的成员，它们提供了通过访问器读、写或计算私有字段值的灵活机制。

语法：

```
type name{
    get{……//获得域变量的值}
    set{……//设置域变量的值}
}
```

其中，type 指定属性的类型，name 指定属性的名称。get 访问器和 set 访问器用于读取和设置字段的值。

例【2-2】属性的创建和使用。

```
class Card
{
    public string cardNum;          //卡号
    private string password;        //密码
    public string Password          //密码对应的属性
    {
        get { return password; }
        set { password = value; }
    }
    public string accountName;      //用户名
    public double balance;          //余额
}
public partial class Form1 : Form
{
    private void button1_Click(object sender, EventArgs e)
    {
        Card myCard = new Card();
        myCard.cardNum = "12345678";
        myCard.Password = "111";                    //对密码属性赋值
        myCard.accountName = "张三";
        myCard.balance = -1000;
        MessageBox.Show(myCard.Password);       //显示用户的密码
    }
}
```

上面的例子对私有字段 password 进行了属性封装，在测试类中，均通过属性 Password 进行读取和设置。

分析上面的程序，可以发现属性由两部分组成：get 访问器和 set 访问器。

这里的访问器不是方法，而是用大括号括起来的代码段。属性是对字段的封装，get 访问器用于获取字段的值，采用的是 return 语句；而 set 访问器则是将外部的值赋给该字段，其中 value 是关键字，表示外部值。这样，对属性的读写操作实际上是对字段的操作。图 2-7 详细地说明了工作过程。

有些同学可能会问，属性和字段有什么区别吗？如果将字段的访问修饰符设置为 public，那么和属性是不是一样呢？下面就来看一个属性约束字段赋值的例子。

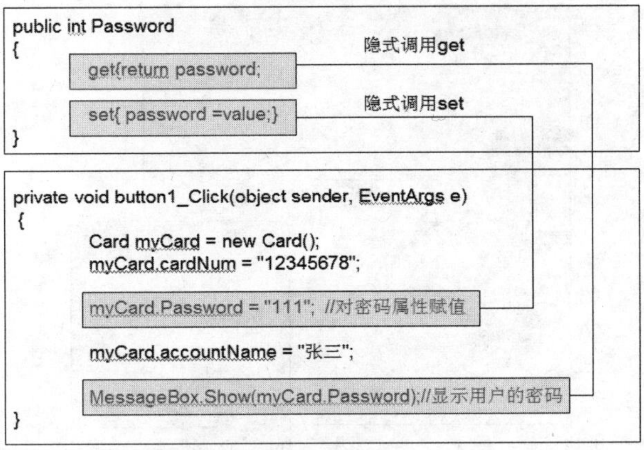


图 2-7　属性的工作过程

例【2-3】通过 set 访问器控制属性的赋值操作。

```
class Card
    {
        public string cardNum;                          //卡号
        private string password;                        //密码
        public string Password                          //密码属性
        {
            get { return password; }
            set
            {
                if (value.Length < 8)
                    password = "00000000";
                else
                    password = value;
            }
        }
        public string accountName;                      //用户名
        public double balance;                          //余额
    }
    public partial class Form1 : Form
    {
        private void button1_Click(object sender, EventArgs e)
        {
            Card myCard = new Card();
            myCard.cardNum = "12345678";
            myCard.Password = "111";                    //对密码属性赋值
            myCard.accountName = "张三";
            myCard.balance = -1000;
            MessageBox.Show(myCard.Password);           //显示用户的密码
        }
}
```

上述代码的运行结果如图 2-8 所示。

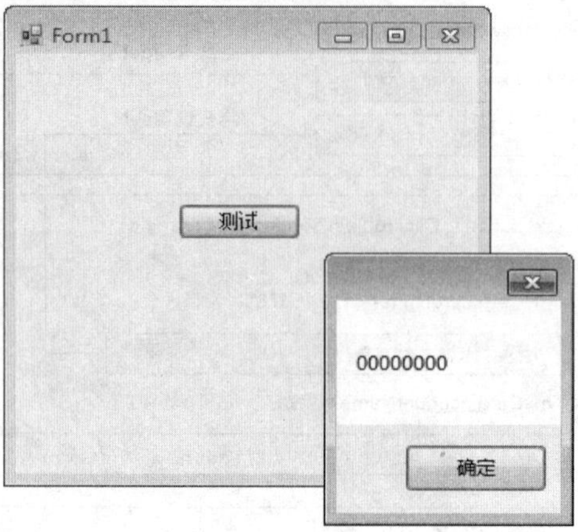


图 2-8　运行结果

可以看到，当对 Password 属性进行赋值时，set 访问器先对传入访问器的参数值 value 进行约束判断，再赋值给 password 字段。这样，既可以透明地公开类中的字段值，又可以在数据被更改时，及时做出判断和处理。

同样，对 get 访问器进行约束判断可以在读取字段时，进行相应的处理。在下面的案例中，如果在创建对象后，用户忘记了对属性 Name 进行赋值，当读取 Name 时，将自动显示“不详”的信息，而此时的字段_name 值并没有发生任何改变。

例【2-4】通过 get 访问器控制属性的读取操作。

```
class Student
{
    private string _name;
    public string Name
    {
        get
        {
            //如果_name 没有赋值，则采用默认值“不详”
            return _name != null ? _name : "不详";
        }
        set
        {
            _name = value;
        }
    }
}
```

此外，使用属性时需要注意以下几点。

属性的数据类型一般来说要与它所访问的字段相一致。如果密码字段 password 是字符串型，那么它的属性 Password 也是字符串型。

属性的访问类型分为以下 3 种。

（1）只读属性：只包含 get 访问器。

（2）只写属性：只包含 set 访问器。

（3）读写属性：包含 set 和 get 访问器。

例【2-5】只读属性的创建和使用。

```
class Student
{
    private int averageScore = 70;
    public int AverageScore                                   //只读属性
    {
        get { return averageScore; }
    }
}
public partial class Form1 : Form
{
    private void button1_Click(object sender, EventArgs e)
    {
        Student s1 = new Student();
        s1.AverageScore=88;
        MessageBox.Show("平均分为"+ s1.AverageScore);    //读取属性的值
    }
}
```

在运行上面的代码时，会出现如图 2-9 所示的编译错误，因为它试图为只读属性赋值。

图 2-9 编译错误

由此可引出属性与字段的比较。

（1）属性是逻辑字段。属性通过 get 方法和 set 方法实现对字段的封装。在 get 方法和 set 方法中，甚至可以改变原始变量的值。

（2）属性是字段的扩展。属性必须和所封装的字段保持相同的返回值。与字段类似，属性也可以附加任何访问修饰符，属性也可以是 static 的。

（3）与字段不同，属性不直接对应于存储位置。

相应地，属性与方法的比较如下。

属性不使用圆括号。属性与方法不同，既不使用圆括号，也不必指定 void，而对实现相似功能的方法而言，则是必需的。

## 2.1.5 常见错误与问题

访问修饰符不一致的问题：大家在创建类时，对类中的字段和属性都使用了适当的访问修饰符，却往往忽视了类本身的访问性。在下面的例子中，由于 class 忽略了访问修饰符，系统默认对类的访问性为 internal。此时，类中的属性即使定义了 public，由于受到包含它的类的访问修饰符的限制，因此访问级别为 internal。在多项目程序中，这点往往会带来问题，最好的办法是为 class 加上一个明确的访问修饰符 public。

```
class Card
    {
        private string cardNum;
        public string CardNum
        {
            get { return cardNum; }
            set { cardNum = value; }
        }
    }
```

## 2.1.6 上机实训

**【上机练习】**

创建系统界面并设计 Card 类。

需求说明：

（1）创建 SimATM 项目。

（2）设计主窗体 MainForm，按照要求添加各种控件并修改属性。

（3）添加 Card 类，为 Card 类设计字段和属性。

（4）在主界面中创建测试按钮，进行测试。

实现思路及关键代码：

（1）创建主窗体，可使用之前的项目或重新创建，界面可参考图 2-1 所示的设计。

（2）添加 Card 类，代码参考 2.1.1 中的实现。

（3）在主窗体中添加一个测试用的按钮，在按钮的 Click 事件中对 Card 类进行实例化，并显示相关信息，参考代码如下。

```
private void button1_Click(object sender, EventArgs e)
{
    Card mycard = new Card();
    mycard.CardNum = "9558883346337219";
    mycard.Password = "11223344";
    mycard.AccountName = "刘三";
    mycard.Balance = 200;
    MessageBox.Show("卡号"+mycard.CardNum+"创建成功！");
}
```

# 任务 2.2 ATM 取款机系统验证账户

### 任务描述

使用数组存放银行中现有的卡，编写方法实现 ATM 取款机的验证功能。在此过程中理解构造函数、方法的创建，以及数组的访问。

### 任务分析

通过构造函数的方式创建银行卡对象，并将系统中的银行卡对象保存在 Card 数组中，创建方法验证用户插入的银行卡是否和数组中的银行卡对象一致，如果一致则验证成功，否则验证失败。

### 2.2.1 任务实现代码及说明

这里要实现的功能如下：当用户插入卡后，如果账号和密码输入正确，则显示验证成功的信息，否则验证失败，无法进行后续操作。

实现步骤如下。

（1）打开之前创建的Card类，为Card类添加两个构造函数，如下所示。

```
public class Card
{
    public Card()                                    //无参构造函数
    {
        this.accountName = "";
        this.balance = 0;
        this.password = "12345678";
        this.cardNum = "00000000";
    }
    public Card(string ac,  double b,string p, string c)   //有参构造函数
    {
        this.accountName = ac;
        this.balance = b;
        this.password = p;
        this.cardNum = c;
    }
  //其他代码
}
```

（2）切换到MainForm.cs代码中，找到MainForm类，为其添加如下两个成员字段，分别表示当前插入的银行卡和银行中登记的所有银行卡。

```
public partial class MainForm : Form
{
    Card insertedCard;                  //当前插入的银行卡
    Card[] allCards = new Card[3];      //银行中登记的所有银行卡
}
```

（3）找到InitializeComponent()方法，在其后面添加如下4行代码。

```
public partial class MainForm : Form
{
    Card insertedCard;
    Card[] allCards = new Card[3];

    public MainForm()
    {
        InitializeComponent();

        //添加的代码
        Card card1 = new Card("张三", 1000,"11223344",  "955887654321");
```

```
            Card card2 = new Card("李四", 1000, "44332211", "955812345678");
            Card card3 = new Card("王五", 1000, "55667788", "955815975346");
            allCards[0] = card1;
            allCards[1] = card2;
            allCards[2] = card3;
        }
    }
```

在这段代码中，将创建 3 张银行卡，并保存到存放银行卡的数组中。为了简化代码和演示方便，假设该银行中只有 3 张银行卡。

（4）切换到主窗体界面，单击“插卡”按钮，进入到该按钮的 Click 事件中，输入如下代码。

```
    private void btnInsert_Click(object sender, EventArgs e)          //插卡
    {
        string cardnum = txtCardNum.Text;
        string pwd = txtPwd.Text;
        //使用 for 判断文本框中的值是否和数组中的卡一一对应
        for (int i = 0; i < allCards.Length; i++)
        {
            if (cardnum == allCards[i].CardNum && pwd == allCards[i].Password)
            {
                MessageBox.Show("插卡成功，欢迎使用 ATM ");
                lblCardNum.Text = allCards[i].CardNum;
                lblAccountName.Text = allCards[i].AccountName;
            insertedCard = allCards[i];               //将核对成功后的卡号赋值给当前插入的卡
                return;
            }
        }
        MessageBox.Show("用户名或密码不正确，请重新输入");
    }
```

运行结果如图 2-10 所示。

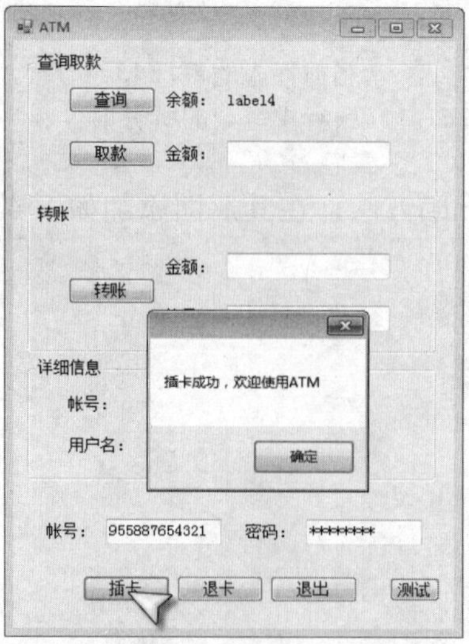


图 2-10　运行结果

## 2.2.2 构造函数

构造函数用于执行类的实例的初始化。每个类都有构造函数，即使没有声明，编译器也会自动地为我们提供一个默认的构造函数。在访问一个类的时候，系统将最先执行构造函数中的语句。

声明构造函数的语法如下。

```
[访问修饰符] 类名（）
{
    //构造函数的主体
}
```

关于构造函数需要注意以下几点。

（1）一个类的构造函数与类名相同。

（2）构造函数不声明返回类型。

（3）一般的，构造函数总是 public 类型的。如果是 private 类型，则表明类不能被实例化，这通常用于只含有静态成员的类。

（4）在构造函数中不要做对类的实例进行初始化以外的事情，也不要尝试显式地调用构造函数。

创建对象和调用构造函数均需用 new 运算符来实现，使用形式如下。

```
类名 对象=new 类名（）；
```

或者

```
类名 对象
对象=new 类名（）
```

例【2-6】简单构造函数的使用。

```
class A
{
    public A()
    {
        Console.WriteLine("构造函数运行中");
    }
}
class Program
{
    static void Main(string[] args)
    {
        A a = new A();
    }
}
```

程序运行结果如图 2-11 所示。

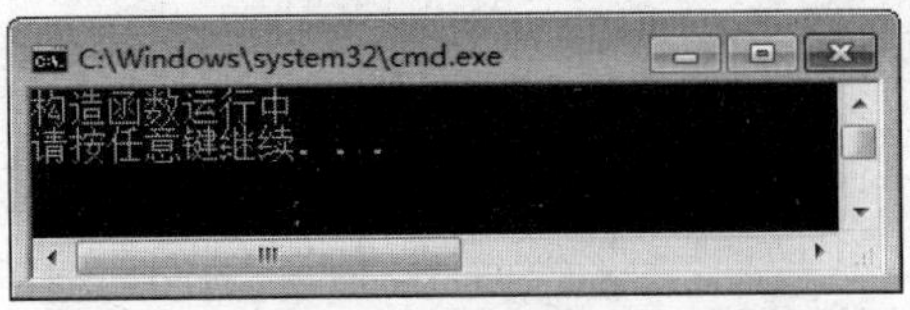


图 2-11 运行结果

例【2-7】默认构造函数的使用。

```
public class Card
{
    private string cardNum;        //卡号
    private string password;       //密码
    private string accountName;    //用户名
    private double balance;        //余额

    public Card()
    {
        this.accountName = "";
        this.balance = 1;
        this.password = "00001111";
        this.cardNum = "9558825547552147";
    }

    static void Main(string[] args)
    {
        Card mycard = new Card();
        Console.WriteLine("账号：" + mycard.cardNum);
        Console.WriteLine("密码：" + mycard.password );
        Console.WriteLine("用户名：" + mycard.accountName );
        Console.WriteLine("余额：" + mycard.balance );
    }
}
```

例【2-7】中定义了一个无参数的构造函数 Card，当实例化 Card 对象时，会自动调用该构造函数为 4 个成员变量赋值。程序运行结果如图 2-12 所示。

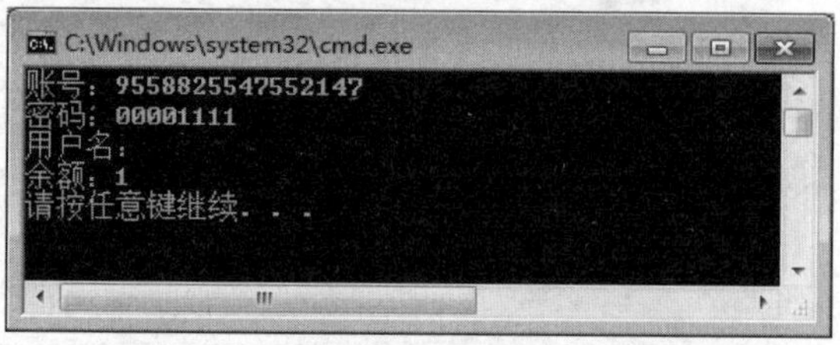


图 2-12　运行结果

构造函数可以是不带参数的，这样对类的实例的初始化是固定的。有时我们在对类进行实例化时，需要传递一定的数据，来对其中的各种数据初始化，使得初始化不再是一成不变的。这时可以使用带参数的构造函数，来实现对类的不同实例的不同初始化。

在带有参数的构造函数中，类在实例化时必须传递参数，否则该构造函数不被执行。

带参数的构造函数声明的语法如下。

```
[访问修饰符] 类名（[参数列表]）
{
    //构造函数的主体
}
```

创建对象和调用构造函数均需用 new 运算符来实现，使用形式如下。

```
类名 对象=new 类名（[参数列表]）；
```

或者

```
类名 对象
对象=new 类名（[参数列表]）
```

例【2-8】带参数的构造函数的应用。

```
public class Card
{
    private string cardNum;                 //卡号
    private string password;                //密码
    private string accountName;             //用户名
    private double balance;                 //余额

    public Card()                           //无参构造函数
    {
        this.accountName = "";
        this.balance = 1;
        this.password = "00001111";
        this.cardNum = "9558825547552147";
    }

    public Card(string ac, double b, string p, string c)        //带参构造函数
    {
        this.accountName = ac;
        this.balance = b;
        this.password = p;
        this.cardNum = c;
    }

    static void Main(string[] args)
    {
        Card mycard = new Card("张三", 1000, "11223344", "955887654321");
        Console.WriteLine("账号： " + mycard.cardNum);
        Console.WriteLine("密码： " + mycard.password );
        Console.WriteLine("用户名： " + mycard.accountName );
        Console.WriteLine("余额： " + mycard.balance );
    }
}
```

程序运行结果如图 2-13 所示。

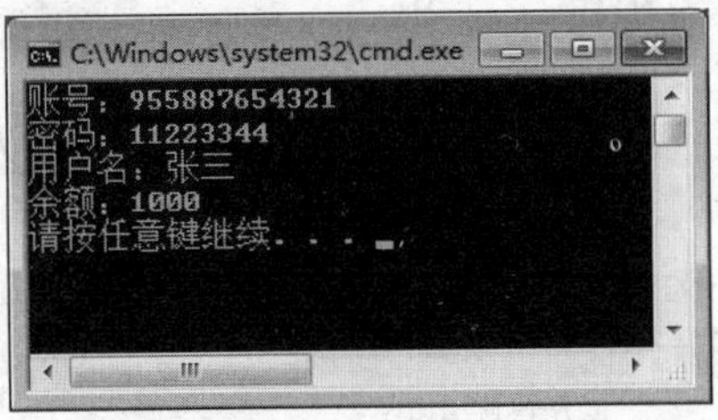


图 2-13　运行结果

### 2.2.3 使用数组保存数据

C#程序员经常会面对这种情况，程序需要处理一组数据，这一组数据由多个元素组成，这些数据元素属于同一种数据类型。此时可以将这一组数据看做一个整体，为整组数据取一个变量名。这种数据结构在 C#中被称为数组，即在内存中连续存储的同一类型的数据。

ATM 取款机系统也使用数组将银行内部注册过的银行卡保存在数组中。当然，后面学习了数据库的相关知识，可以将银行卡信息保存在数据库中。

**1. 声明和分配数组**

数组要占用计算机的内存空间。使用数组时，首先应该指定该数组元素的类型，即声明数组。

声明语法如下。

```
类型[ ]  数组变量名 ;
```

例如：

```
int [ ] stuArr;
string [ ] words;
float [ ] f1,f2;
```

声明好数组后，还需要用运算符 new 为每个数组的元素个数动态分配存储空间。

例如：

```
int [ ] stuArr;              //声明数组
strArr = new int [5];        //给数组分配元素
```

上述的创建数组的方法也可以一步完成。

```
int [ ] stuArr = new int [5];
```

stuArr 是一个整型数组，它表示具有 5 个整数的整体。要想使用数组的某个元素，必须使用下标运算符[ ]。例如，第 1 个整数用 stuArr[0]表示，第 5 个整数用 stuArr[4]表示。

这里一定要注意，数组的下标是从 0 开始的。

stuArr 在内存中的表示如图 2-14 所示。

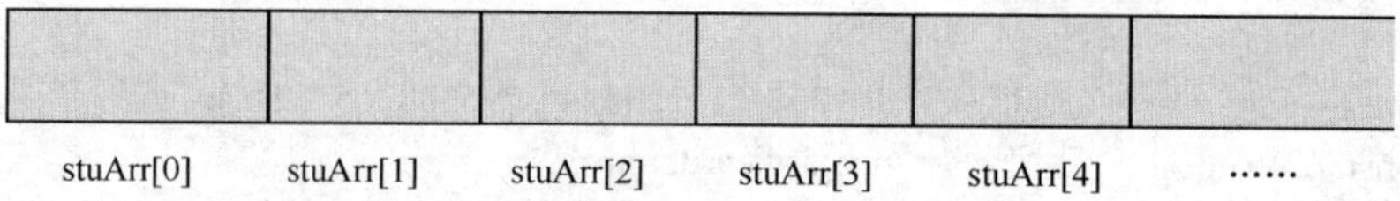


图 2-14　数组在内存中的表示

使用数组时一定要小心，如果出现下面的赋值语句，则将出现索引超出界限的错误。

```
stuArr[5] = 100;  //下标的最大值为 4，将出现运行错误
```

数组分配好后，数组元素会自动被赋予默认值。数值类型的数组变量初始化为 0，布尔变量初始化为 False，引用类型的初始化为 Null。

**2. 数组的初始化和赋值**

可以在创建数组的同时进行初始化，也可以在创建数组后为数组元素单独赋值。

例如：

```
int[ ] array = new int [5]{0,1,2,3,4};    //创建一个含有 5 个元素的数组
int[ ] array = new int [ ]{0,1,2,3,4};    //省略数组长度
int[ ] array = {0,1,2,3,4};               //省略 new
```

这 3 条语句都用于声明并初始化一个长度为 5 的整型数组，并为数组中的每个元素都赋初

值，但它们也有一点区别：第一条语句使用了[5]，那么数组长度由方括号中的数字 5 来决定；后面的两条语句省略了长度，那么数组长度由大括号中的初值个数决定。

数组的初始化既可以在创建数组时进行，又可在创建数组之后进行，这称为数组的赋值。

例如：

```
int[ ] array = new int [5];
array[0]=0;
array[1]=1;
```

当然，对于数组个数很多的情况，这种赋值方式并不适用，这时，如果赋值满足某种规律，则可以采用循环语句。

如果想要将 array 中所有的元素都设定为下标对应的值，则可以使用 for 循环语句。

例如：

```
int[ ] array = new int [5];
for(int i=0;i<5;i++)
array[i]=i;
```

当然，用 while 语句也可以实现对数组的循环赋值。其实，C#还提供了一种非常方便地访问数组中元素的方法——foreach 语句。

foreach 语句语法如下。

```
foreach(元素类型 变量 in 数组)
    嵌入语句
```

其中，in 为关键字，即从数组中逐个取出元素，放入到变量中，并运用在下面的嵌入语句中。

例如：

```
int[] arr1=new int[] {1,2,3,4,5}
foreach(int i in arr1)
    Console.WriteLine(i);
```

那么，可以使用 foreach 语句吗？观察下面的程序。

```
int[] array = new int[5];
foreach (int x in array)
  x = 100;
```

可以发现，程序会出现编译错误。这是因为 foreach 语句中的迭代变量是只读的。因此，不能通过它改变数组元素的值。但是，可以使用 foreach 语句输出数组元素的值。这是 for 语句和 foreach 语句的主要区别。

例【2-9】使用 for 语句和 foreach 语句操作数组。

```
static void Main(string[] args)
{
    int[] array = new int[5];
    for (int i = 0; i < 5; i++)                //用 for 语句为数组赋值
        array[i] = i;

    Console.WriteLine("数组的元素为");          //用 foreach 语句显示元素
    foreach (int x in array)
        Console.WriteLine(x);
}
```

下面的代码实现了银行卡中的每个 Card 对象逐一和用户的输入数据进行匹配，从而对银行卡进行验证的功能。

```
private void btnInsert_Click(object sender, EventArgs e)        //插卡
        {
            string cardnum = txtCardNum.Text;
            string pwd = txtPwd.Text;
            //使用 for 判断文本框中的值是否和数组中的卡一一对应
            for (int i = 0; i < allCards.Length; i++)
            {
                if (cardnum == allCards[i].CardNum && pwd == allCards[i].Password)
                {
                    MessageBox.Show("插卡成功，欢迎使用 ATM ");
                    lblCardNum.Text = allCards[i].CardNum;
                    lblAccountName.Text = allCards[i].AccountName;
                insertedCard = allCards[i];      //将核对成功后的卡号赋值给当前插入的卡
                    return;
                }
            }
            MessageBox.Show("用户名或密码不正确，请重新输入");
        }
```

在上面的代码中，首先获取用户输入的账号和密码，然后使用 for 循环语句逐一与数组中的账号和密码进行匹配。如果匹配成功，则将账号和用户名显示在窗体上，并将核对成功的卡号赋值给当前插入的对象，否则显示错误信息。

### 2.2.4 常见错误与问题

构造函数参数类型不匹配：观察下面的代码。有一个 Card 类，可通过带参数的构造函数创建 Card 对象。

```
public class Card
    {
        private string cardNum;          //卡号
        private string password;         //密码
        private string accountName;      //用户名
        private double balance;          //余额
        public Card(string ac, double b, string p, string c)
        {
            this.accountName = ac;
            this.balance = b;
            this.password = p;
            this.cardNum = c;
        }
        static void Main(string[] args)
        {
            Card mycard = new Card("张三", "11223344",1000, "955887654321");
        }
    }
```

程序编译报错，如图 2-15 所示。

图 2-15 编译错误

从图 2-15 可以看出，在调用带参构造函数的时候出现了问题。对照 Card 的定义，第二个参数表示余额，应为 double 类型，而调用时传入了 string 类型的参数，由于参数类型不匹配产生了错误。因此，调用带参构造函数时一定要确保传入的参数与定义的参数在类型上保持一致。

## 2.2.5 上机实训

**【上机练习 1】**

完善"插卡"按钮的功能，实现对银行卡的验证。

需求说明：

（1）为 Card 类添加构造函数。

（2）设计一个数组，保存银行系统注册的银行卡。

（3）设计事件相应程序，完成将用户输入的账号、密码和银行系统内部的银行卡进行匹配的工作。

实现思路及关键代码：

（1）修改 Card 类，添加两个构造函数，代码参考 2.2.1 小节中的实现。

（2）切换到主窗体界面，单击"插卡"按钮，实现验证功能。

**【上机练习 2】**

完善"查询"按钮的功能，当验证通过后，实现对银行卡当前余额的查询功能。

需求说明：

（1）当验证通过后，将核对成功后的卡号赋值给当前插入的卡对象。

（2）设计事件相应程序，显示当前插入的卡对象的余额信息。

实现思路及关键代码：

切换到主窗体界面，单击"查询"按钮，输入如下代码。

```
private void btnQuery_Click(object sender, EventArgs e)//查询
{
    if(insertedCard!=null )
        lblBalance.Text = insertedCard.Balance.ToString ();
}
```

当用户没有进行验证功能时，单击"查询"按钮，余额是不能显示出来的，因为此时表示当前插入的卡的成员字段 insertedCard 没有被赋值，还是 Null 的形式。若已经验证通过，则在窗体上显示当前卡的 Balance 属性，即卡的余额信息。相关运行结果如图 2-16 所示。

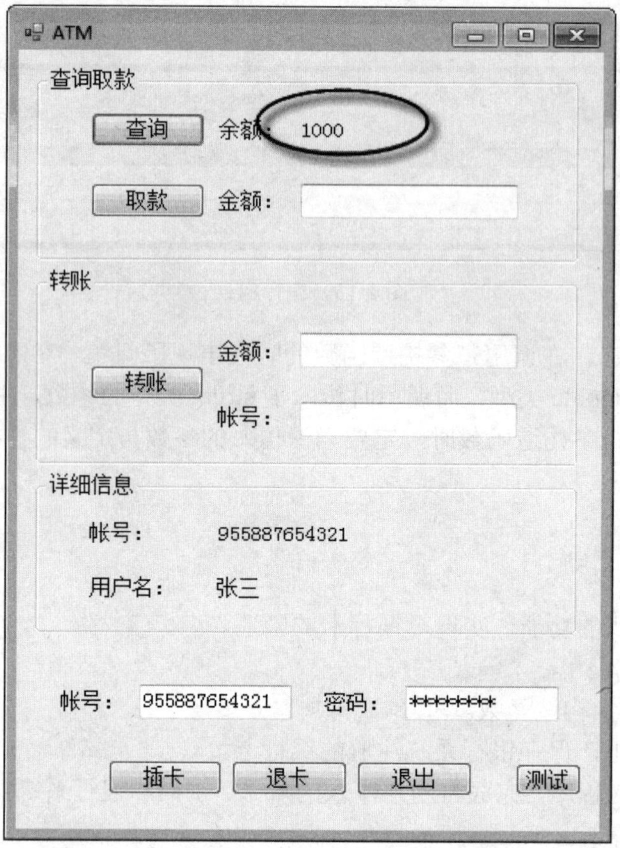


图 2-16　运行结果

# 任务 2.3　ATM 取款机系统的取款和转账

## 任务描述

使用方法实现 ATM 取款机的取款和转账功能。在此过程中理解如何设计类中的方法，以及将界面逻辑和类的设计进行区分的思想。

## 任务分析

修改 Card 类，实现 Card 类的取款、存款的方法，同时在用户界面中进行代码的调用。

## 2.3.1　任务实现代码及说明

本小节要实现的功能如下：①取款功能，当用户在取款金额文本框中输入要取的金额，并单击“取款”按钮后，系统判断用户当前账上的余额是否足够，若是，则扣除相应的金额，取款成功，否则，取款失败；②转账功能，当用户在文本框中输入要转入的账号和密码后，系统首先判断该目标账号是否存在，如果不存在，则转账失败，否则，将源账号的相应金额扣除，并在目标账号上加上相应的金额，完成转账操作。

实现步骤如下。

（1）打开之前创建的 Card 类，为 Card 类添加两个方法，如下所示。

```
    public class Card
{
     //其他代码略
          public bool GetMoney(double money)        //取款方法
          {
               if (money <= this.Balance && money >= 0)
               {
                    this.balance = this.balance - money;
                    return true;
               }
               else
                    return false;
          }
          public bool SaveMoney(double money)      //存款方法
          {
               if (money >= 0)
               {
                    this.balance = this.balance + money;
                    return true;
               }
               else
                    return false;
          }
     }
```

（2）切换到主窗体的设计视图，双击“取款”按钮，进入其 Click 事件的处理程序，输入以下代码。

```
private void btnGet_Click(object sender, EventArgs e)//取款
{
     if (txtGetMoney.Text == "")
          return;
     double money = double.Parse (txtGetMoney.Text);

     bool res=insertedCard.GetMoney(money);
     if (res == true)
     {
          MessageBox.Show("取款成功！");
          lblBalance.Text = insertedCard.Balance.ToString();
     }
     else
          MessageBox.Show("取款失败，请检查数据是否正确！");
}
```

（3）切换到主窗体的设计视图，双击“转账”按钮，进入其 Click 事件的处理程序，输入以下代码。

```
private void btnPost_Click(object sender, EventArgs e)//转账
          {
```

```
            if (String.IsNullOrEmpty(this.txtPostMoney.Text) || String.IsNullOrEmpty(txtPostNum.Text))
            {
                MessageBox.Show("转账金额和转账账户不能为空！");
                return;
            }
            double money=double.Parse (txtPostMoney.Text );
            foreach (Card card in allCards)
            {
                if (card.CardNum == txtPostNum.Text)
                {
                    if (insertedCard.GetMoney(money) && card.SaveMoney(money))
                    {
                        MessageBox.Show("转账成功！");
                        lblBalance.Text = insertedCard.Balance.ToString();
                    }
                    else
                    {
                        MessageBox.Show("转账失败！");
                    }
                    return;
                }
            }
            MessageBox.Show("转账账户不存在，请重新输入！");
        }
```

（4）生成代码成功后，程序的运行结果如图 2-17～图 2-20 所示。

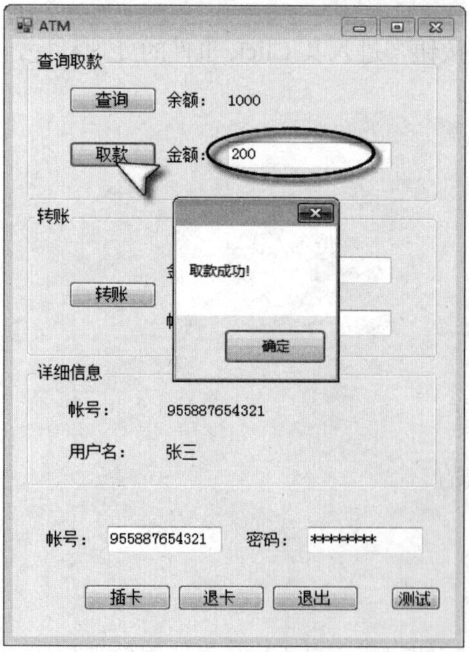


图 2-17　单击“取款”按钮后的运行结果

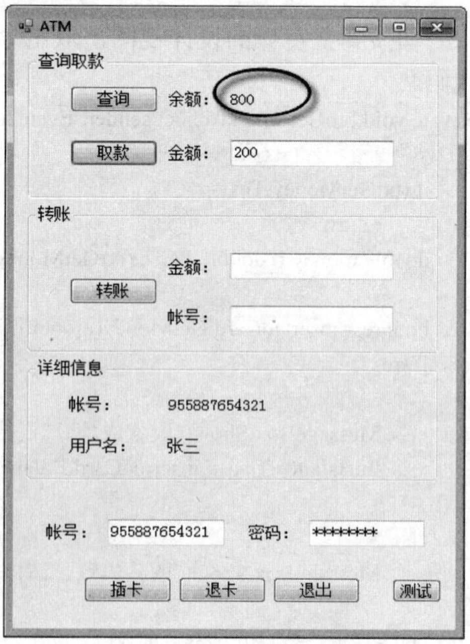


图 2-18　取款后余额更新

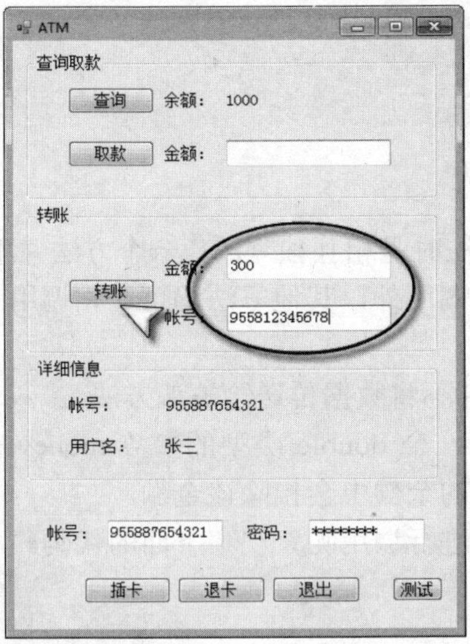


图 2-19　单击“转账”按钮后的运行结果

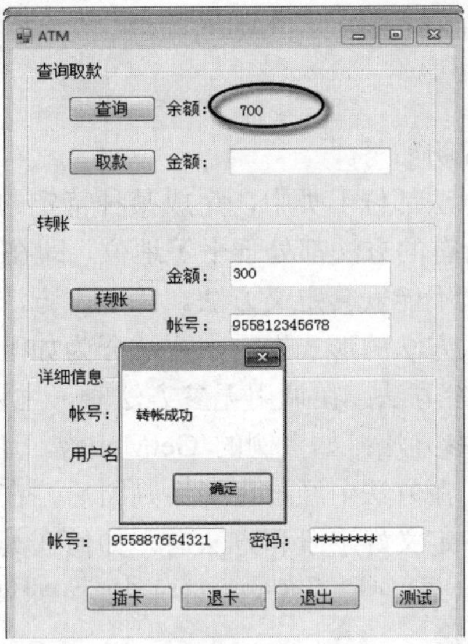


图 2-20　转账后的余额更新

## 2.3.2　类中的方法

在一个类的定义中，除了表示类的特征的属性和字段外，还有表示类的行为的方法。在前面的项目任务中，已定义的银行卡类如下。

```
class Card
{
        public string cardNum;              //卡号
        public string password;             //密码
        public string accountName;          //用户名
        public double balance;              //余额
}
```

在这段代码中，使用字段来描述 Card 这个类的特征，这里为了简化代码，省略了其属性。现在添加一段代码，使银行卡具有取出金额的行为，代码如下。

```
public class Card
{
        public string cardNum;        //卡号
        public string password;       //密码
        public string accountName;    //用户名
        public double balance;        //余额

      public bool GetMoney(double money)      //取款方法
      {
          if (money <= this.Balance && money >= 0)
          {
              this.balance = this.balance - money;
              return true;
          }
          else
```

```
                return false;
            }
}
```

具体说明如下。

（1）方法都位于类中，完成某种特定的子功能。

（2）所有的方法都处于平等地位，即在定义方法时是相互独立的，一个方法并不属于另一个方法，即不能嵌套定义方法。除了主方法不能被调用外，其他方法均可互相调用。

（3）从方法的形式上看，方法分为如下两类。

① 无参方法：在调用无参方法时，主调方法并不将数据传送给被调方法。

② 有参方法：如上例的 GetMoney，通过传入一个 double 类型的参数 money，表示要取款的金额。在方法中经过正确性判断后，在银行卡的余额中会扣除该金额。

在类中定义好字段和方法后，如何在其他类中进行调用呢？观察下面的代码。

```
private void btnGet_Click(object sender, EventArgs e)//取款
{
    if (txtGetMoney.Text == "")
        return;
    double money = double.Parse (txtGetMoney.Text);

    bool res=insertedCard.GetMoney(money);
    if (res == true)
    {
        MessageBox.Show("取款成功！");
        lblBalance.Text = insertedCard.Balance.ToString();
    }
    else
        MessageBox.Show("取款失败，请检查数据是否正确！");
}
```

在用户界面中，当系统获取用户的输入金额，并将其作为参数传入到当前卡对象 insertedCard 的 GetMoney 方法中时，即可对当前银行卡实施取款操作。

所以，关于方法的调用，和类中的字段的调用方式一样，先创建该类的一个对象，然后通过对象名.方法进行调用。

方法调用的语法如下。

```
对象名.方法名(参数列表);
```

## 2.3.3 值传递和引用传递

在这一小节中，将编写一个让两个数交换的方法，理解参数传递中按值传递和按引用传递的概念和它们之间的区别。通过修改 Card 类中取款方法的实现方式，查看还有什么好的途径可以实现取款操作。

例【2-10】设计一个窗体，交换两个字符串的值。

窗体设计如图 2-21 所示。

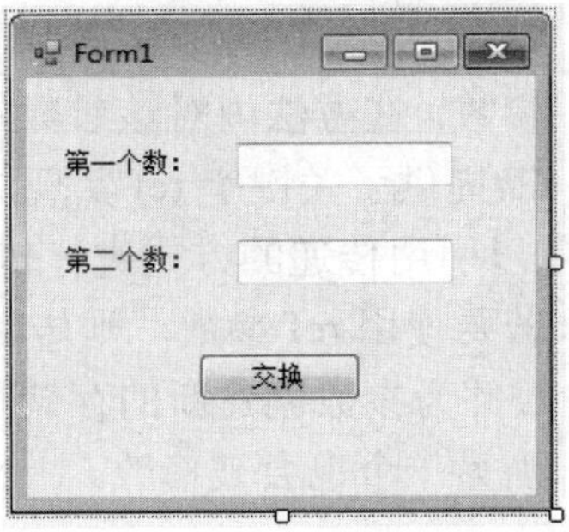


图 2-21　窗体设计

代码如下。

```
public partial class Form1 : Form
    {
        public Form1()
        {
            InitializeComponent();
        }
        private void button1_Click(object sender, EventArgs e)
        {
            string number1 = textBox1.Text;
            string number2 = textBox2.Text;
            Swap(number1, number2);
            textBox1.Text = number1;
            textBox2.Text = number2;
        }
        static void Swap(string  a, string  b) //交换两个字符串的值
        {
            string  temp;
            temp = a;
            a = b;
            b = temp;
       }
    }
```

可以发现，当输入值并单击按钮后，两个数的值并没有交换，这是为什么呢？

在 Swap 方法中，参数 a 和 b 的值是发生了变化的，但它们与 Click 方法中的内部变量 number1 和 number2 是两个完全不同的变量，存放在不同的内存中，所以形参 a 和 b 的变化影响不到 number1 和 number2。

上面这种传递参数的方式称为值传递。

**1. 值传递**

如参数是以传值方式传递的，被调用的方法将接收参数的一个副本。传值时，如果对被调用的方法的值的副本进行修改，则不会影响原始变量的值。换句话说，传值时，允许方法内的方法体将新值赋给参数，但这样的赋值只影响方法体内局部变量的值，不影响方法调用的实际参数。

在 C#中本书前面介绍的基本数据类型都是值类型，前面编写的方法都属于值传递的方式。

### 2. 引用传递

如果希望通过传递一个值类型参数，在方法内对该参数的修改返回给原始参数，这种传递参数的方式称为引用传递的方式。C#提供了关键字 ref 实现这种效果。

ref 关键字指出一个值类型变量以引用传递的方式进行传递。如果使用关键字 ref 引用传递变量，则方法能够修改变量本身。若要使用 ref 参数，则传递到 ref 参数的值必须先赋值。

从本质上说，引用方式传递参数并为参数创建新的存储空间，实参和形参变量具有相同的存储位置，只要其中一个被修改，则另一个也会被修改。

例【2-10】的正确代码如下。

```
public partial class Form1 : Form
    {
        public Form1()
        {
            InitializeComponent();
        }
        private void button1_Click(object sender, EventArgs e)
        {
            string number1 = textBox1.Text;
            string number2 = textBox2.Text;
            Swap(ref number1, ref number2);
            textBox1.Text = number1;
            textBox2.Text = number2;
        }
        static void Swap(ref string   a, ref string   b) //交换两个字符串的值
        {
            string   temp;
            temp = a;
            a = b;
            b = temp;
      }
    }
```

结果如图 2-22 和图 2-23 所示。

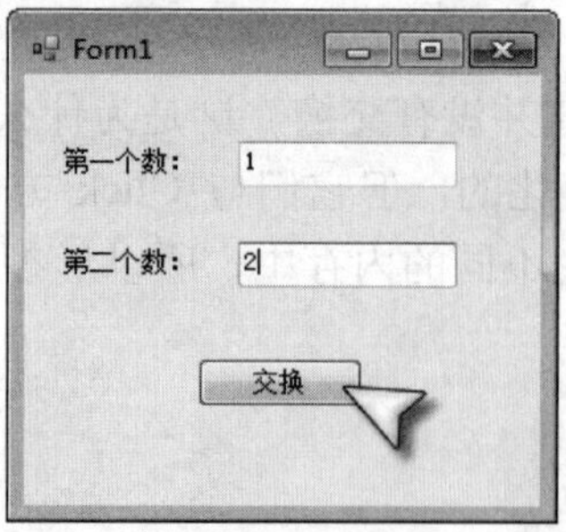


图 2-22　交换前

图 2-23　交换后

需要特别的注意的是，使用上述值类型进行引用传递的时候，不管是在定义方法头，还是在调用的时候，都需要使用关键字 ref。

下面修改取款方法，换成引用传递的形式，参考代码如下。

```
public class Card
{
    //……
    public void GetMoneyByRef(double money,ref string msg)
    {
        if (money <= this.Balance && money >= 0)
        {
            this.balance = this.balance - money;
            msg = "取款成功！";
        }
        else
            msg = "取款失败，请检查数据是否正确！";
    }
}
```

在这段代码中，方法没有返回值，而是定义了一个引用传递类型的参数 msg，当用户成功取款后，该变量保存的信息将不会随着方法调用的结束而消失。因此，当需要返回多个值的时候，可以采用这种方法。

相应的，在用户界面的调用代码如下。

```
private void btnGet_ClickByRef(object sender, EventArgs e)//取款
{
    if (txtGetMoney.Text == "")
        return;
    double money = double.Parse(txtGetMoney.Text);
    string message = "";
    insertedCard.GetMoneyByRef(money, ref message);
    MessageBox.Show(message);
    lblBalance.Text = insertedCard.Balance.ToString();
}
```

这里需要注意的是，当 message 传入方法之前，必须先对其进行赋值。

### 2.3.4 常见错误与问题

按引用传递参数时没有加 ref 关键字：如果将例【2-10】的代码修改如下，则会产生错误。

```
public partial class Form1 : Form
    {
        public Form1()
        {
            InitializeComponent();
        }
        private void button1_Click(object sender, EventArgs e)
        {
            string number1 = textBox1.Text;
            string number2 = textBox2.Text;
            Swap(number1, number2);
            textBox1.Text = number1;
            textBox2.Text = number2;
        }
```

```
        static void Swap(ref string  a, ref string  b) //交换两个字符串
        {
            string  temp;
            temp = a;
            a = b;
            b = temp;
        }
    }
```

编译上述代码时，Visual Studio 将会提示如图 2-24 所示的错误。

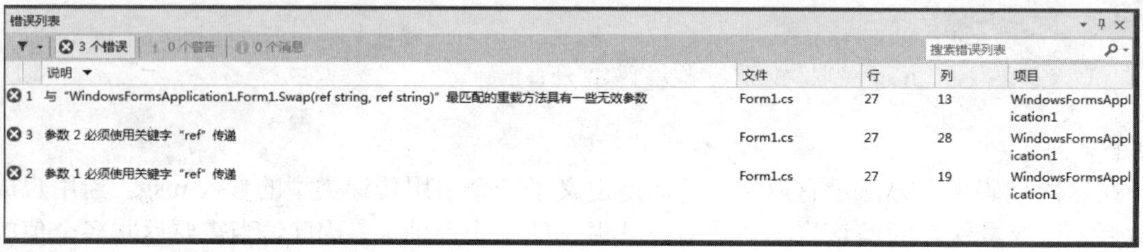


图 2-24　编译错误

产生错误的原因是调用 Swap 方法时，没有在参数前使用 ref 关键字。

## 2.3.5　上机实训

**【上机练习 1】**

完善“取款”按钮的功能，实现对银行卡的取款操作。

需求说明：

（1）为 Card 类添加取款的方法。

（2）设计事件相应程序，当用户单击按钮后，调用相关对象的取款方法实现取款操作。

实现思路及关键代码：

（1）修改 Card 类，添加一个方法 GetMoney，代码参考 2.3.1 小节中的实现。

（2）切换到主窗体界面，单击“取款”按钮，实现验证功能。

**【上机练习 2】**

完善“转账”按钮的功能，实现对银行卡的转账操作。

需求说明：

（1）为 Card 类添加存款的方法。

（2）设计事件相应程序，当用户输入待转账号和金额后，进行相关的正确性验证，如果成功则对自身的账户金额取款，对对方的账户金额存款，从而实现转账操作。

实现思路及关键代码：

（1）修改 Card 类，添加一个方法 SaveMoney，代码参考 2.3.1 小节中的实现。

（2）切换到主窗体界面，单击“转账”按钮，实现验证功能。

```
private void btnPost_Click(object sender, EventArgs e)//转账
        {
            if (String.IsNullOrEmpty(this.txtPostMoney.Text) || String.IsNullOrEmpty(txtPostNum.Text))
            {
                MessageBox.Show("转账金额和转账账户不能为空！");
```

```
                return;
            }
            double money=double.Parse (txtPostMoney.Text );
            foreach (Card card in allCards)
            {
                if (card.CardNum == txtPostNum.Text)
                {
                    if (insertedCard.GetMoney(money) && card.SaveMoney(money))
                    {
                        MessageBox.Show("转账成功！");
                        lblBalance.Text = insertedCard.Balance.ToString();
                    }
                    else
                    {
                        MessageBox.Show("转账失败！");
                    }
                    return;
                }
            }
            MessageBox.Show("转账账户不存在，请重新输入！");
        }
```

这段代码设置了两个正确性验证。第一，若用户输入的转账金额或账户信息为空，则不能进行转账；第二，即使用户输入了相应的金额和账户信息，也要对账户信息进行验证，查看目标账户是否为系统内部注册的账户。只有通过了验证，才能进行转账，否则提示失败信息。

## 归纳与总结

本项目对类的各个成员，包括字段、属性、构造函数和方法进行了逐一介绍，并在这个过程中对访问修饰符、数组访问和参数传递进行了重点讨论。

- 类和对象的对比：

类是抽象的概念，对象是具体的概念。

类和对象的关系满足“is-a”。

创建对象使用 new 关键字。

- 字段和属性的对比：

属性通过 get 方法和 set 方法实现对字段的封装，是一种逻辑字段。

属性是字段的扩展，对字段起到了保护和安全设置的作用。

属性必须和所封装的字段保持相同的类型。

与字段不同，属性不直接对应于存储位置。

- 构造函数和方法的对比

构造函数名总是和类名相同，且不需要声明返回类型。

构造函数在创建对象时调用，而方法在任何时候均可调用。

构造函数用于初始化对象的字段，且常常声明为 public。

- 参数值传递和引用传递的区别：

传值时，传递的是变量的副本，方法内的修改不会影响原始变量的值。

引用传递时，传递的是变量的地址，方法内的修改会影响原始变量的值。

引用传递必须加上关键字 ref，传值则不需要。

# 项目 3

# 连接数据库

随着网络的日益普及，数据越来越多地存放在网络数据库中，程序对数据库的访问和操作成为一件极为普遍的事情。在项目 3 中将学习如何使用 C#对数据库进行连接，实现 ExamSystem 系统的登录问题。

## 工作任务

- 完成 ExamSystem 应用程序的登录功能。
- 连接到 ExamSystem 数据库。
- 查询用户名和密码是否存在。

## 技能目标

- 了解 ADO.NET 的功能和组成。
- 会使用 Connection 对象连接到数据库。
- 会使用 try-catch 块捕捉异常。
- 会使用 Command 对象查询单个值。

## 预习作业

- ADO.NET 的主要组件有哪些？
- 简述 Connection 与 Command 对象的作用。
- 异常处理的语法是什么？
- SQL Server 2008 如何创建数据库？

# 任务 3.1 连接 ExamSystem 数据库

## 任务描述

在 ExamSystem 系统登录界面中单击“连接”按钮，如果能成功连接数据库，则提示“打开数据库连接成功”，随后执行关闭数据库连接，提示“关闭数据库连接成功”。

## 任务分析

首先要创建一个字符串用于告诉计算机要对哪个数据库服务器中的哪个数据库进行操作，随后可以建立数据库的连接，最后把数据库的连接关闭，在对数据库建立连接和关闭的时候会给出相应的提示。

### 3.1.1 任务实现代码及说明

实现步骤如下。

（1）建立项目之前需先准备好一个 SQL 数据库，准备好的数据库参考如图 3-1 所示。

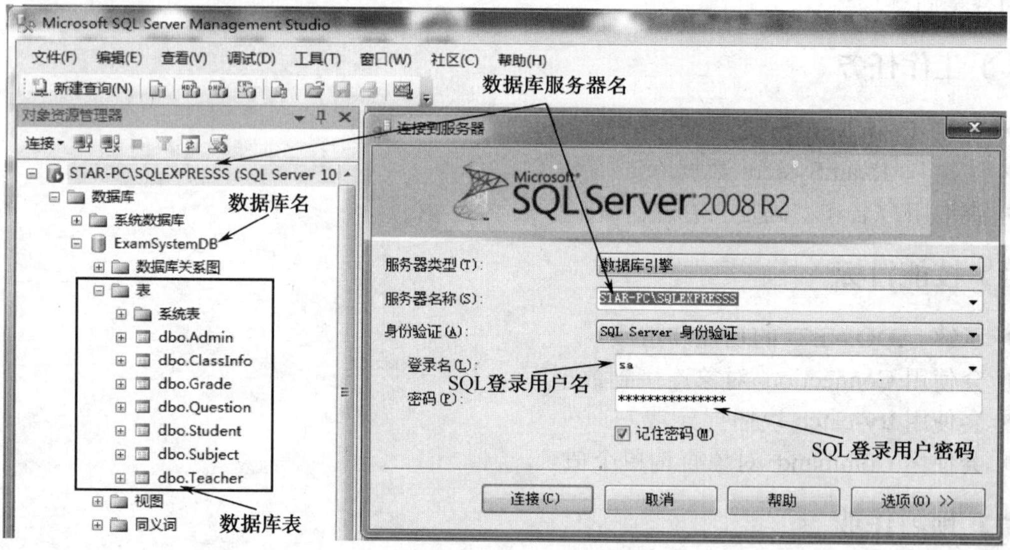


图 3-1 准备好的 SQL 数据库

（2）新建一个 Windows 项目，项目名称为 ExamSystem。

（3）在项目中新建一个窗体，名称为 ConnectionTestForm。

（4）修改 Program.cs 文件 Main()方法中的代码，使得打开的第一个窗体为 ConnectionTestForm 窗体。Main()方法中的代码如下。

```
static void Main()
    {
        Application.EnableVisualStyles();
        Application.SetCompatibleTextRenderingDefault(false);
```

```
            Application.Run(new ConnectionTestForm());//设置首先运行的窗体
        }
```

（5）在 ConnectionTestForm 窗体对应的代码设计页面中增加引用 SQL Server 的命名空间，代码如下。

```
using System.Data.SqlClient;
```

（6）在新建的 ConnectionTestForm 窗体中增加一个“连接测试”按钮，更改 ID 名为“btnConTest”。

（7）在“连接测试”按钮单击事件中添加代码如下。

```
        private void btnConTest_Click(object sender, EventArgs e)
        {
            // 数据库连接字符串
            string connectionString = "Data Source=STAR-PC\\SQLEXPRESSS;Initial
            Catalog=ExamSystemDB;User ID=sa;Pwd=123456";
           //创建数据库连接对象
            SqlConnection conn = new SqlConnection(connectionString);
            //打开数据库
            conn.Open();
            MessageBox.Show("打开数据库成功！");
            //关闭数据库
            conn.Close();
            MessageBox.Show("关闭数据库成功！");
        }
```

**【小贴士】**

为了可以正常使用 SQL Server .NET 数据提供的程序，一定要加入引用命名空间的语句“**using System.Data.SqlClient;**”，如果没有该语句，则无法使用 SQL Server .NET 数据提供的程序。

程序运行结果如图 3-2 所示。

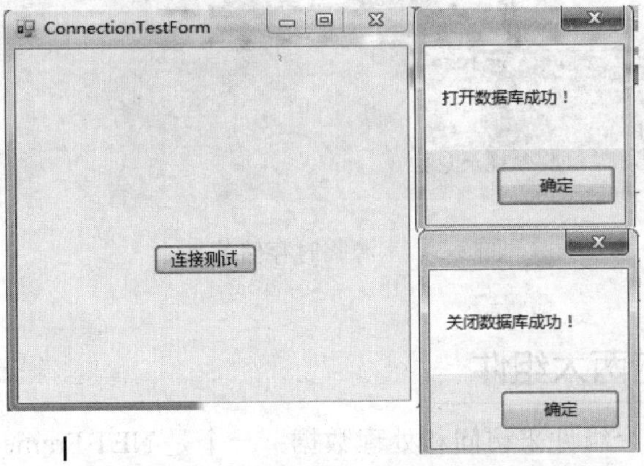


图 3-2　运行结果

### 3.1.2　ADO.NET 概述

有一种说法：现在大家旅游时住酒店最先问的问题不是价钱，而是无线密码，这说明什么呢？无可否认，从某个方面它说明了大家现在对于网络的需求，也正是因为网络的迅猛发展，所以更多的应用程序也连接到了网络上。而程序要处理的数据也必然会有相当数量存放在网络的服务器中，也就是数据库中。

如果没有数据库，那么不论要程序做什么，都必须由自己输入要处理的数据，这样做不仅费时费力，还可能出现错误。

在实际应用当中，常用的数据库有很多种，如 SQL Server、Access、Oracle 等。为了使客户端能够访问数据库服务器上的数据，就需要使用到数据库访问的方法和技术，ADO.NET(ActiveX Data Objects)就是常见的一种技术。

ADO.NET 是一个 COM 组件库，用于在以往的 Microsoft 技术中访问数据。之所以使用 ADO.NET 名称，是因为 Microsoft 希望表明这是在 NET 编程环境中优先使用的数据访问接口。

通过 ADO.NET，.NET 应用程序可以很方便地访问和操作数据库。ADO.NET 的功能非常强大，它提供了对关系数据库、XML 及其他数据存储的访问。应用程序可以通过 ADO.NET 技术与这些数据源进行连接，对数据进行增、删、改、查等操作。

ADO.NET 技术有一个非常大的优点，即断开式连接，即当它与数据源断开连接时也可以使用数据。这是怎么做到的呢？以从水源中取水为例来进行说明。水源相当于程序中的数据库，这里有大量的水（数据）供我们使用，如果直接从水源中取水，这就是传统的数据库编程方法，要求应用程序必须时刻与数据库保持连接，一旦断开必然发生错误。而现在 ADO.NET 技术可以先把应用程序需要的数据（水），放入到 DataSet（蓄水池）中，应用程序需要访问和操作数据的时候，只用对临时数据存储数据库 DataSet 进行访问和操作，而不必保持应用程序与数据库的连接，只要保证临时数据库 DataSet 中有数据即可，如图 3-3 所示。

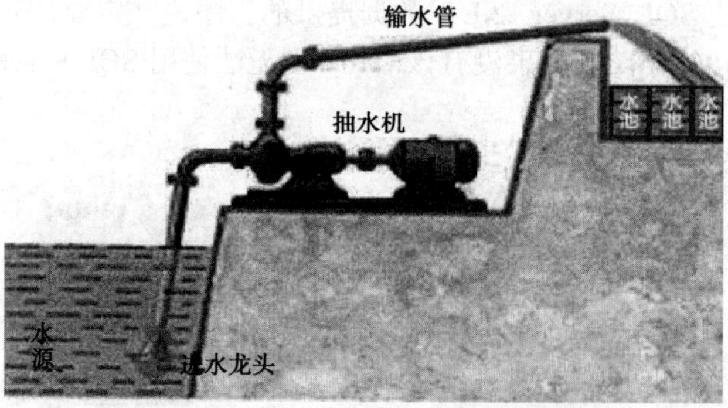


图 3-3　水源临时存储蓄水池

### 3.1.3　ADO.NET 的两大组件

ADO.NET 提供了两个组件来访问和处理数据：一个是.NET Framework 数据提供程序；另一个是 DataSet，即数据集。ADO.NET 访问数据库的模型如图 3-4 所示。

.NET Framework 提供对关系数据源中的数据的访问。数据提供程序包含一些类，这些类用于连接到数据源，在数据源处执行命令，返回数据源的查询结果；该提供程序还能执行事务内部的命令。使用它可以连接数据源、执行命令和检索结果，直接对数据源进行操作。

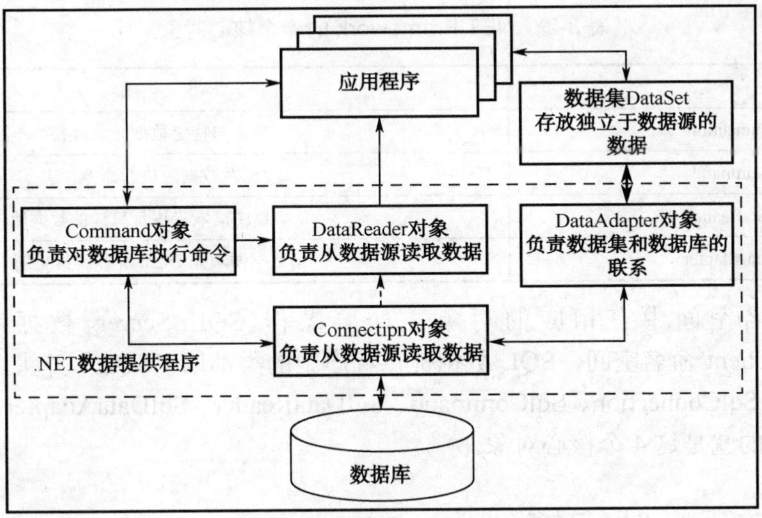


图 3-4 ADO.NET 访问数据库模型

DataSet 是 ADO.NET 的中心概念。可以把 DataSet 当做内存中的数据库，DataSet 是不依赖于数据库的独立数据集合。所谓独立，是指即使断开数据链路，或者关闭数据库，DataSet 依然是可用的，DataSet 在内部是用 XML 来描述数据的，由于 XML 是一种与平台无关、与语言无关的数据描述语言，而且可以描述复杂关系的数据，如父子关系的数据，所以 DataSet 实际上可以容纳具有复杂关系的数据，而不再依赖于数据库链路。在具体使用中可以把对 DataSet 的操作当做对数据库的操作，其作用相当于上面介绍过的蓄水池。

.NET Framework 包含了访问各种数据源的对象，它和数据库类型相关。目前.NET Framework 支持的提供程序如表 3-1 所示。

表 3-1 .NET Framework 数据提供程序

| .NET Framework 数据提供程序 | 说 明 |
|---|---|
| .NET Framework 用于 SQL Server 的数据提供程序 | 提供对 Microsoft SQL Server 的数据访问。使用 System.Data.SqlClient 命名空间 |
| .NET Framework 用于 Oracle 的数据提供程序 | 适用于 Oracle 数据源，支持 Oracle 客户端软件的 8.1.7 版和更高版本。使用 System.Data.OracleClient 命名空间 |
| .NET Framework 用于 OLE DB 的数据提供程序 | 提供对 OLE DB 公开数据源中数据的访问。使用 System.Data.OleDb 命名空间 |
| .NET Framework 用于 ODBC 的数据提供程序 | 提供对 ODBC 公开的数据源中数据的访问。使用 System.Data.Odbc 命名空间 |
| EntityClient 提供程序 | 提供对实体数据模型应用程序的数据访问。使用 System.Data.Entity,Client 命名空间 |

在实际应用中使用哪种数据提供程序，取决于应用程序使用的数据源。毫无疑问，Microsoft 公司的 C#对本公司的 SQL Server 的支持更为稳定和可靠，本书也将采用 Microsoft SQL Server 数据库作为应用程序的数据源。

.NET Framework 包含 4 个核心对象，如表 3-2 所示。

表 3-2　.NET Framework 的 4 个核心对象

| 对　象 | 说　明 |
|---|---|
| Connection | 建立与特定数据源的连接 |
| Command | 对数据源执行命令 |
| DataReader | 从数据中读取只进且只读的数据流 |
| DataAdapter | 用数据源填充 DataSet 并解析更新 |

不同的命名空间中有相应的对象，如要操作 SQL Server 数据库，需要使用 System.Data.SqlClient 命名空间，SQL 数据提供程序中的类都以“SQL”开头，所以它的 4 个核心对象分别为 SqlConnection、SqlCommand、SqlDataReader、SqlDataAdapter。在数据库中学习的任务中用到的就是这 4 个核心对象。

## 3.1.4　使用 Connection 对象

Connection 对象是.NET Framework 数据提供程序的核心对象之一，它在应用程序与数据库之间建立连接。正如桥梁可以把两岸连接起来，公路可以把城市连接起来一样，应用程序与数据库之间想要进行数据的传递也需要一个类似桥梁的东西把两者连接起来，Connection 对象就起到了这样的作用。

在不同的.NET Framework 数据提供程序中都有自己的连接类，如表 3-3 所示。应用程序可以根据自己使用的数据库类型来确定使用哪个连接类。

表 3-3　.NET Framework 数据提供程序及相应的连接类

| .NET Framework 数据提供程序 | 连　接　类 | 命 名 空 间 |
|---|---|---|
| SQL Server 数据提供程序 | SqlConnection | System.Data.SqlClient |
| Oracle 数据提供程序 | OracleConnection | System.Data.OracleClient |
| OLE DB 数据提供程序 | OleDbConnection | System.Data.OleDb |
| ODBC 数据提供程序 | OdbcConnection | System.Data.Odbc |

建立应用程序与数据库的连接时，Connection 对象提供了一些属性和方法。Connection 对象的常用属性和方法如表 3-4 所示。

表 3-4　Connection 对象的常用属性和方法

| 属　性 | 说　明 |
|---|---|
| ConnectionString | 设置/获取应用程序连接数据库连接字符串 |
| 方 法 | 说 明 |
| void Open（） | 打开数据库连接 |
| void Close（） | 关闭与数据库的连接 |

建立应用程序与数据库的连接需要按照下面的 3 个步骤来完成。

### 1. 定义连接字符串

SQL Server 数据库的连接字符串的格式一般如下。

```
Data source=服务器名；Initial Catalog=数据库名；User ID=用户名；Pwd=密码
```

数据库连接字符串由多个参数组成，其中各参数说明如下。

Data source：指定与应用程序连接的数据库服务器的名称或者 IP 地址。若本机作为应用程序的服务器，则参数的值可以是“.”、“(local)”或者“127.0.0.1”，但建议使用服务器的名称作为参数的值，防止本机有两个以上的数据库服务器时造成应用程序无法正确识别数据库服务器的情况。

Initial Catalog：指定应用程序访问数据库服务器中的数据库的名称。

User ID：SQL Server 数据库的登录用户名。

Pwd：SQL Server 数据库的登录用户名的登录密码，如果密码为空，则可以省略此项。

例如，应用程序与本机的 ExamSystemDB 数据库连接的连接字符串可以写成：

```
string connectionString = "Data Source=STAR-PC\\SQLEXPRESSS;Initial Catalog=ExamSystemDB;User ID=sa;Pwd=123456";
```

### 2. 创建 Connection 对象

使用定义好的连接字符串创建 Connection 对象的语法如下。

```
SqlConnection conn = new SqlConnection(connectionString);
```

### 3. 打开数据库的连接

使用 Connection 对象的 Open（）方法打开数据库的连接，其语法如下。

```
conn.Open();
```

**【小贴士】**

连接字符串很长，又写在引号之中，无法利用智能提示，怎么才能记住里面的关键字呢？其实完全可以利用 Visual Studio 中的服务器资源管理器来获得连接字符串。具体方法如下。

（1）在 Visual Studio 中选择“视图”→“服务器资源管理器”选项，如图 3-5 所示。

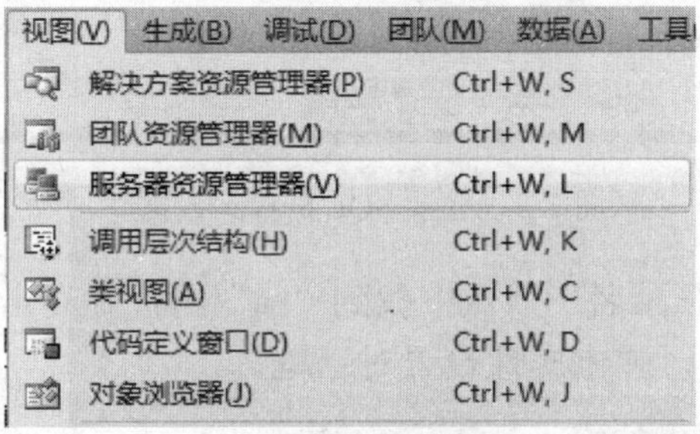


图 3-5　服务器资源管理器

（2）在打开的“服务器资源管理器”中，右击“数据连接”选项，在弹出的快捷菜单中选择“添加连接”选项，如图 3-6 所示。

（3）在弹出的“添加连接”对话框中，选择数据源，输入服务器名，选择身份验证，选择要连接的数据库，确定设置后，即可在服务器资源管理器中添加一个数据库连接。

（4）选中新添加的连接，在“属性”面板中能找到连接字符串，可以将它选中并复制到代码中，如图 3-7 所示。

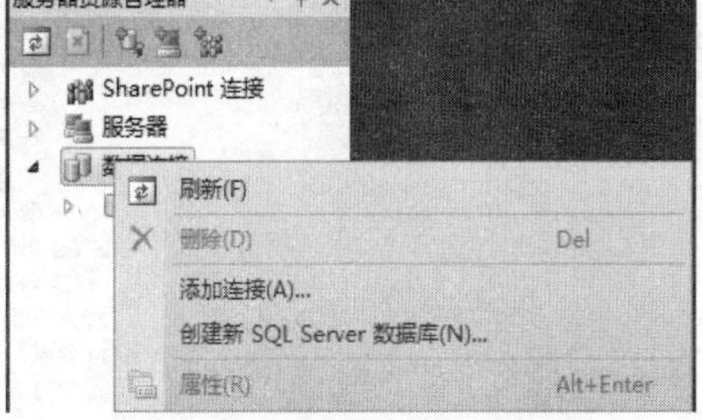


图 3-6　添加数据库连接

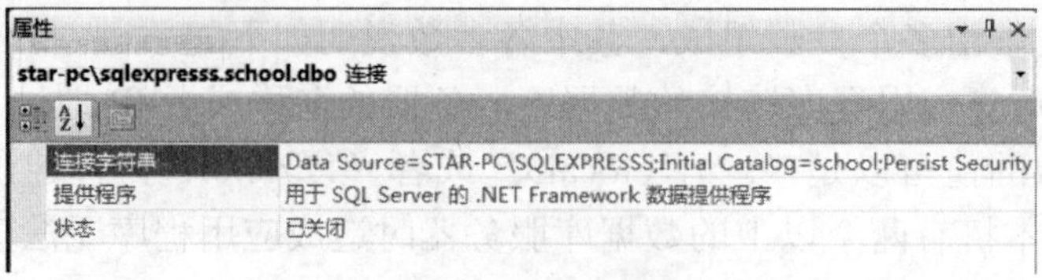


图 3-7　连接字符串

（5）略微修改字符串，如用户名、密码，以达到符合程序的要求。

（6）打开数据库连接，执行命令后，关闭数据库连接。

## 3.1.5　使用 sa 用户登录 SQL Server 数据库

在默认的情况下，使用 Windows 身份验证的方式登录 SQL Server 数据库，但是在实际项目开发中这样做是非常不安全的，因此通常会使用 SQL Server 身份验证的方式来登录和操作数据库，那么应该如何设置呢？参考步骤如下。

（1）使用 Windows 身份验证的方式登录 SQL Server 数据库，如图 3-8 所示。

图 3-8　登录 SQL Server 数据库

（2）在“安全性”→“登录名”节点中找到“sa”用户并右击，在弹出的快捷菜单中选择“属性”选项，如图 3-9 所示，弹出属性设置对话框。

图 3-9　sa 用户的属性

（3）在属性设置对话框中修改并设定 sa 用户的密码，密码可自行设置，两次密码保持一致即可，如图 3-10 所示。

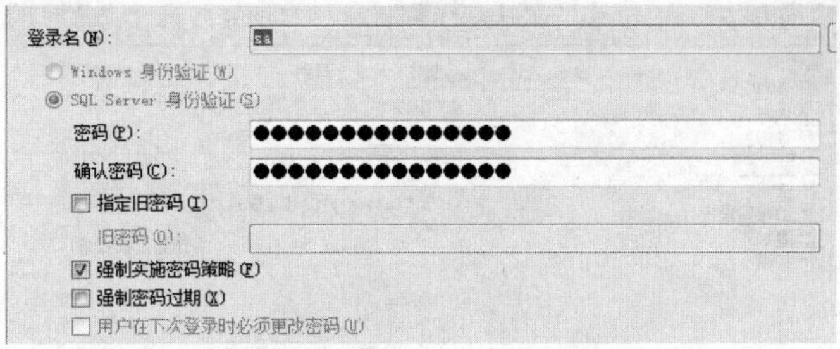


图 3-10　设置 sa 用户密码

（4）在属性设置对话框中选择“状态”选项卡，设置 sa 用户的登录状态为“启用”，如图 3-11 所示。

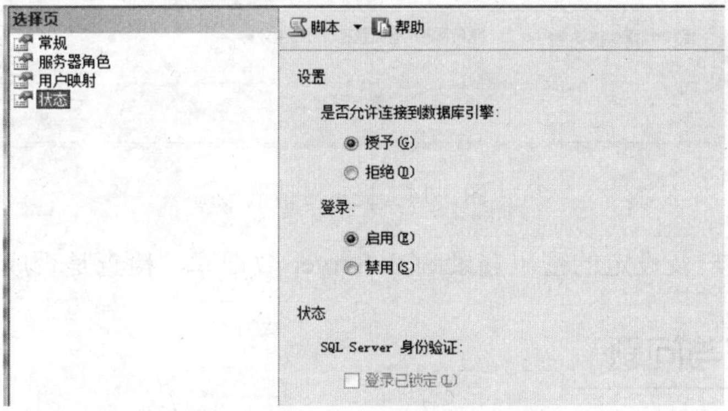


图 3-11　设置 sa 用户的登录状态

（5）单击“确定”按钮，关闭属性设置对话框。

（6）右击服务器名称，弹出快捷菜单，如图 3-12 所示。

图 3-12　快捷菜单

（7）在“安全性”选项卡中选中“SQL Server 和 Windows 身份验证模式”单选按钮，如图 3-13 所示。

图 3-13　选择服务器身份验证模式

（8）单击“确定”按钮，关闭服务器属性对话框。

（9）弹出提示对话框，重启 SQL Server 数据库服务器，配置即可生效，如图 3-14 所示。

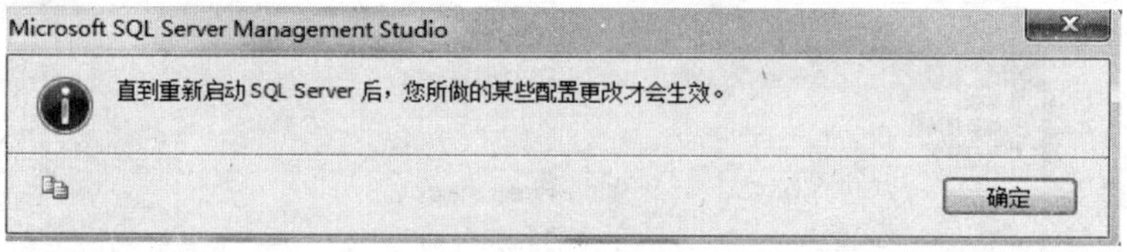


图 3-14　提示对话框

（10）使用 sa 用户及设定的密码登录 SQL Server 数据库，检查是否成功。

## 3.1.6　常见错误与问题

在开始编写数据库相关程序时，初学者很可能会犯的错误如下。

（1）数据库连接字符串中各参数之间的分隔符拼写错误。

下面代码在运行后应用程序会提示如图 3-15 所示的错误信息。

```
string connectionString = "Data Source=STAR-PC\\SQLEXPRESSS，Initial Catalog=ExamSystemDB，User ID=sa，Pwd=123456";
//创建数据库连接对象
SqlConnection conn = new SqlConnection(connectionString);
//打开数据库
conn.Open();
```

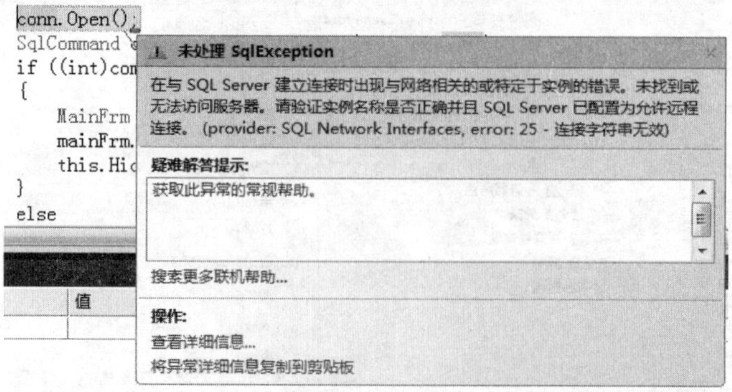


图 3-15　数据库连接字符串分隔符拼写错误

造成错误的原因是数据库连接字符串时在各个参数之间应该使用“；”，而不是“，”。

（2）数据库连接字符串中的参数名称拼写错误。

下面代码在运行后应用程序会提示如图 3-16 所示的错误信息。

```
        // 数据库连接字符串
        string connectionString = "DataSource=STAR-PC\\SQLEXPRESSS；Initial Catalog=ExamSystemDB；
User ID=sa；Pwd=123456";
        //创建数据库连接对象
        SqlConnection conn = new SqlConnection(connectionString);
        //打开数据库
        conn.Open();
```

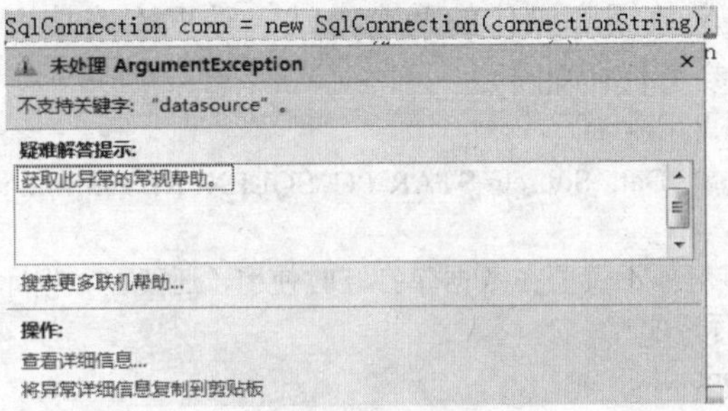


图 3-16　数据库连接字符串中的参数名称拼写错误

从错误提示信息中可以发现上面代码中连接数据库字符串的参数“DataSource”不能被编译器识别，将关键字修改为“Data Source”即可排除这个错误了。

避免上面两种错误发生的办法：一是认真检查自己书写的连接字符串是否有错；二是利用前面小贴士中介绍过的方法，利用.NET 自动生成连接字符串，再进行复制和适当修改参数的值。

（3）数据库连接字符串中的引号出现位置不对。

此类错误在程序代码进行编译时就会暴露出来，只要读者适当注意即可避免此类错误的发生，下面代码在编译时会提示如图 3-17 所示的错误信息。

```
        string connectionString = Data Source="STAR-PC\\SQLEXPRESSS;"Initial Catalog="ExamSystemDB；"User
ID=sa；Pwd="123456";
```

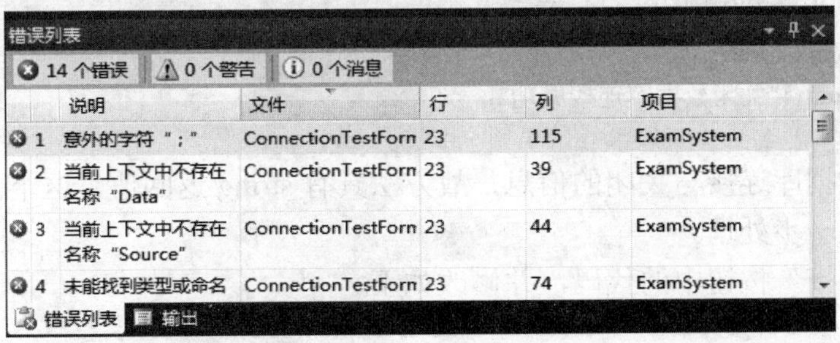


图 3-17　连接字符串中的引号出现位置不对

## 3.1.7　上机实训

**【上机练习】**

测试 ExamSystemDB 数据库连接。

需求说明：

（1）创建 ExamSystem 项目。

（2）创建用于操作 SQL Server 数据库的 DBHelper 类。

（3）在 DBHelper 类中定义测试数据库连接的方法，实现连接和关闭 ExamSystemDB 数据库的操作。

程序运行结果参考任务 3.1，如图 3-2 所示。

实现思路及关键代码：

（1）创建的 DBHelper 类中打开数据库连接的方法必须设置为 public，否则外部类无法访问 DBHelper 类中打开数据库连接的方法。

（2）DBHelper 类中定义数据库操作的两个方法，数据库连接方法 TestOpenDB()及数据库关闭方法 TestCloseDB()，参考代码如下。

```
//数据库连接字符串声明
string connString = "Data Source=STAR-PC\\SQLEXPRESSS;Initial Catalog=ExamSystemDB;User ID=sa;Pwd=123456";
/*因为数据的连接对象不仅要在数据库打开时使用，还要在数据库关闭时使用，故必须在数据库打开和关闭两个方法的外面进行声明*/
SqlConnection conn;
/// <summary>
/// 测试 ExamSystemDB 数据库的连接与关闭
/// </summary>
public string TestOpenDB()
{
    // 测试打开数据库的操作
    conn = new SqlConnection(connString);
    // 打开数据库连接
    conn.Open();
    return ("打开数据库连接成功");
}
public string TestCloseDB()
{
    // 关闭数据库连接
    conn.Close();
    return ("关闭数据库连接成功");
}
```

因为要得到数据库连接与关闭的信息，故方法具有 string 返回值，这个值传递到调用该方法的窗体中再做进一步处理。

删除原来“连接”按钮中的代码，并修改如下。

```
private void btnConTest_Click(object sender, EventArgs e)
{
    DBHelper myDB = new DBHelper();
    MessageBox.Show(myDB.TestOpenDB());
    MessageBox.Show(myDB.TestCloseDB());
}
```

# 任务 3.2　ExamSystem 系统异常处理

## 任务描述

在 ExamSystem 系统登录界面中单击“连接”按钮，如果出现数据库不存在或打不开等意外情况，要提醒用户“数据库暂时无法访问”。

## 任务分析

使用 try-catch 语句对可能发生异常的语句进行处理。

## 3.2.1　任务实现代码及说明

将任务 3.1 的代码中加入异常处理，修改后的代码如下。

```
private void btnConTest_Click(object sender, EventArgs e)
{
    //数据库连接字符串
    string connectionString = "Data Source=STAR-PC\\SQLEXPRESSS;Initial
    Catalog=ExamSystemDB;User ID=sa;Pwd=123456";
    //创建数据库连接对象
    SqlConnection conn = new SqlConnection(connectionString);
    try
    {
        //打开数据库
        conn.Open();
        MessageBox.Show("打开数据库成功！");
    }
    catch (Exception)
    {
        MessageBox.Show("数据库暂时无法访问");
    }
    finally
    {
        //关闭数据库
        conn.Close();
        MessageBox.Show("关闭数据库成功！");
    }
}
```

如果此时将 SQL Server 数据库的服务器关闭，并再次运行，则当程序试图打开数据库连接时会出现无法打开数据库连接的异常，但是由于做了异常处理，所以程序不会崩溃，而只是根据处理弹出一个“数据库暂时无法访问”的消息框，如图 3-18 所示。

**【小贴士】**

在使用 try-catch-finally 语句的时候当然在开始的时候写入比较方便，但是万一出现如下情况，那么如何在任务 3.1 做好的基础上快速添加 try-catch-finally 语句呢？

Microsoft 公司提供了“外侧代码”功能来添加 try 块。此方法很简单，在 Visual Studio 的代码编辑器中选中可能会出现异常的代码并右击，在弹出的快捷菜单中选择“外侧代码”选项，如图 3-19 所示。

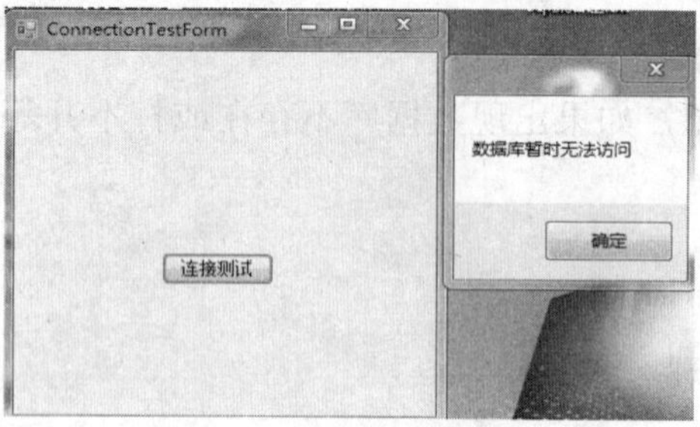


图 3-18　连接数据库出现异常

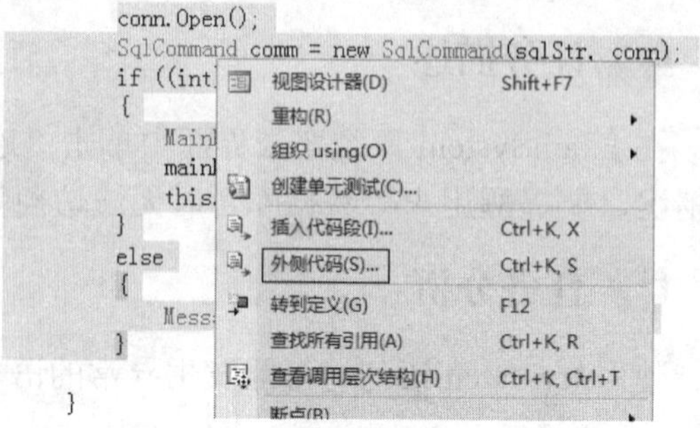


图 3-19　添加外侧代码

在出现的外侧代码选择器中找到 try，如图 3-20 所示，双击“try”或者按两次 Tab 键，代码会自动添加 try-catch 块，并且选中的代码已经被放在 try 块中，只要增加和修改 catch 块中的代码，添加 finally 块及代码即可以完成任务 3.2。

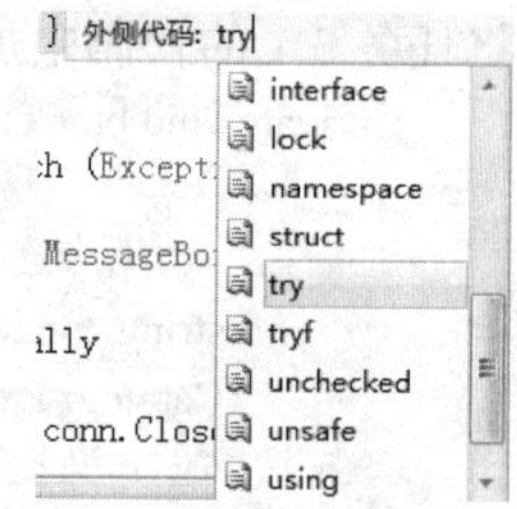


图 3-20　选择外侧代码 try 块

## 3.2.2　异常

在程序设计中，错误通常分为两类，即编译错误和运行错误。编译错误是比较容易发现的，一般在程序运行前就能由编译器发现，而运行错误却很难判断，常常让开发人员头疼。异常（Expection）是程序运行中的一种正常的错误，如果异常处理不当，就会影响程序的稳定性。

在 C#语言中，异常是一个在程序执行期间发生的事件，它中断了本该正常执行的程序指令流。在程序开发中，异常产生的范围非常广，如编写代码过程、程序调试过程、项目测试过程，以及用户运行软件过程中，都可能出现一些不同的异常现象。

举例来讲，某人现在正在上网打游戏，突然一脚踢到网线，其所有的努力可能一下子都没有了，这种情况就是所谓的异常。

当然，出现在程序运行过程中的错误，虽然可能无法避免，但是可以预知。例如，程序正要对数据库的数据进行读取，但是网络突然断了，程序本身无法控制网络是否通畅，但我们可以预测到可能会有这种情况出现。为了保证程序正常运行，程序员要对程序运行中可能发生的错误进行编码处理，这就是异常处理。

## 3.2.3　如何处理异常

在.NET 中使用 try-catch 语句来捕获和处理异常。其语法如下。

```
try
{
    //包含可能会出现异常的代码
}
catch (处理的异常类型)
```

```
{
    //处理异常的代码
}
```

try-catch 语句把可能出现异常的代码放在 try 块中。如果在程序运行过程中发生了异常，则会跳转到 catch 块中进行错误处理，这个过程被称为捕获异常。如果程序在执行过程中没有发生异常，则会正常执行 try 块中的全部语句，不会执行 catch 块中的语句。

异常有很多种类型，本书只关注 Exception 类。这个类是.NET 提供的一个异常类，表示应用程序在运行过程中发生的错误。例如，在对数据库进行访问和操作的时候，很可能会发生访问不到数据的情况（有可能是数据库本身出现了问题，也有可能是网络出现了问题等），则可以把对数据库操作的语句放在 try 块中。

前面也提到过，数据库连接必须显式关闭。但是如果是在数据库连接关闭之前就出现了异常，则程序会跳转到 catch 块中，那么 try 块中的数据库连接关闭的方法就不会执行，这时该如何处理呢？其实，这个问题早就有解决的办法了，Microsoft 提供了一个 finally 块，将代码放在这个块中表示无论是否发生异常这部分代码都会被执行。只需要把关闭数据库连接的语句放在 finally 块中即可解决这个问题。无论程序在运行期间是否发生异常，都可以确保在程序结束运行之前关闭数据库连接，大致参考代码如下。

```
try
{
    conn.Open();
    //省略其他代码
}
catch (Exception ex)
{
    //处理异常的代码
}
finally
{
     conn.Close();
}
```

### 3.2.4 上机实训

**【上机练习】**

为 ExamSystem 系统数据库连接操作添加异常处理。

需求说明：

（1）在 3.1.7 小节上机练习实现的数据库连接与关闭的基础上增加异常处理。

（2）停止 SQL Server 数据库服务，再次测试数据库连接操作。

（3）改变连接字符串中连接服务器的名称，再次测试数据库连接操作。

输出结果参考任务 3.2，如图 3-18 所示。

# 任务 3.3 登录 ExamSystem 系统

## 任务描述

在 ExamSystem 登录界面中输入的用户名及密码通过数据库中的数据判断是否为合法用户，通过检验则登录系统，否则提示用户输入有误。

## 任务分析

系统登录通常是 Windows 程序的第一步操作，在用户登录系统时要对用户输入的用户名及密码进行校验。如果用户输入的数据与之前保存在数据库中的数据一致，则允许用户进行下一步的操作，否则应当怀疑是否有人正在进行非法访问，此时应当及时给出必要的提醒，让用户重新输入。

本任务可以分成以下两个步骤来进行。

（1）使用 Connection 对象操作 C#应用程序连接到 SQL Server 数据库。

（2）将用户的输入数据与数据库中的数据进行比对校验，并提示用户相应的后继操作。

其中，第一步在前面的任务中已经完成，现在主要实现第二步。

### 3.3.1 任务实现代码及说明

根据上面的提示步骤，编码查询 ExamSystem 数据库中是否存在输入的用户记录，如果存在，则登录系统，跳转到欢迎窗体，否则提示登录失败；如果数据库发生异常，则提示“数据库暂时无法访问”。

（1）在命名空间处添加 SQL Server 命名空间，语句如下。

```
using System.Data.SqlClient;
```

（2）“登录”按钮的参考代码如下，关键部分的代码做了加黑处理。

```
    private void btnOK_Click(object sender, EventArgs e)
        {
            // 数据库连接字符串
            string connectionString ="Data Source=STAR-PC\\SQLEXPRESSS;Initial Catalog=
                ExamSystemDB;User ID=sa;Pwd=123456";
            // 创建数据库连接对象
            SqlConnection conn = new SqlConnection(connectionString);
            string sqlStr = string.Format("select count(*) from admin where AdminName='{0}' and
AdminPwd='{1}'", txtName.Text, txtPwd.Text);
            try
            {
                conn.Open();
                SqlCommand comm = new SqlCommand(sqlStr, conn);
                if ((int)comm.ExecuteScalar() == 1)
                {
                    MainFrm mainFrm = new MainFrm();
                    mainFrm.Show();//打开管理员主窗体
```

```
                this.Hide();
            }
            else
            {
                MessageBox.Show("请核对用户名及密码！");
            }
        }
        catch (Exception)
        {
            MessageBox.Show("数据库暂时无法访问" );
        }
        finally
        {
            conn.Close();
        }
    }
```

说明：

```
string sqlStr = string.Format("select count(*) from admin where AdminName='{0}' and AdminPwd='{1}'",
txtName.Text, txtPwd.Text);
```

上面的语句通过字符串构造语句实现，因为输入用户名及密码时需要告诉 SQL Server 数据库这两个变量的值，因此这个字符串变量需要使用“+”拼接起来，或者使用此例中的 string.Format()方法来实现。推荐大家使用 string.Format()方法来实现，因为使用此方法不仅修改起来方便，看起来结构清晰，不容易产生拼写错误。

（3）程序执行情况如图 3-21 所示。

图 3-21 系统登录界面

（4）输入正确的用户名及密码后单击“登录”按钮，打开管理员主窗体，如图 3-22 所示。

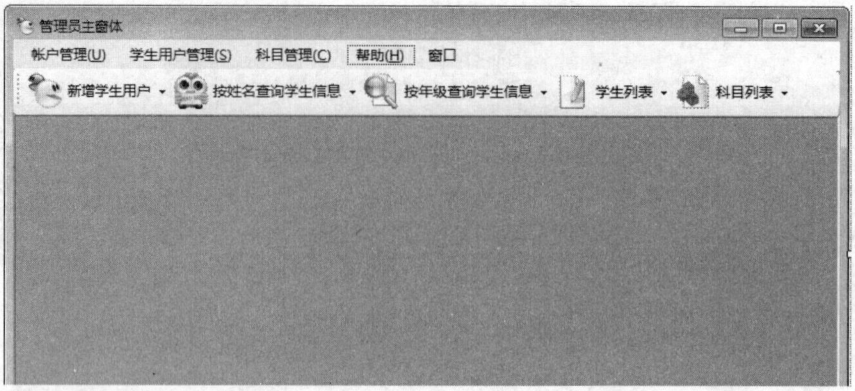


图 3-22　成功登录

## 3.3.2　Command 对象

Command 对象也是.NET Framework 数据提供程序的一个核心对象。Command 对象用于执行面向数据库的一次简单查询。此查询可执行诸如创建、添加、获取、删除或更新记录等动作。

如果该查询用于获取数据，则此数据将以一个 RecordSet 对象的身份返回。这意味着被获取的数据能够被 RecordSet 对象的属性、集合、方法或事件进行操作。

也就是说，Command 对象负责执行命令并从数据源中获得返回结果，如果把 Connection 对象看做连接两岸（数据库与应用程序）的桥梁，那么可以把 Command 对象看做运货的汽车，它负责使数据在数据库与应用程序之间移动。

## 3.3.3　使用 Command 对象

同 Connection 对象一样，Command 对象也属于.NET Framework 数据提供程序，不同的数据提供程序有各自的 Command 对象，如表 3-5 所示。

表 3-5　.NET 数据提供程序及相应的 Command 类

| .NET 数据提供程序 | 连 接 类 | 命 名 空 间 |
|---|---|---|
| SQL Server 数据提供程序 | SqlCommand | System.Data.SqlClient |
| Oracle 数据提供程序 | OracleCommand | System.Data.OracleClient |
| OLE DB 数据提供程序 | OleDbCommand | System.Data.OleDb |
| ODBC 数据提供程序 | OdbcCommand | System.Data.Odbc |

在建立了 Connection 对象之后可以使用相应的 Command 对象来执行应用程序对数据库进行操作。创建 Command 对象的语法如下。

```
SqlCommand comm=new SqlCommand(string sqlStr,SqlConnection conn);
```

创建一个 Command 对象需要两个参数，第一个参数是要执行的 SQL 语句，第二个参数是已经创建的 Connection 对象。

Command 对象的主要属性和方法如表 3-6 所示。

表 3-6　Command 对象的主要属性和方法

| 属　性 | 说　明 |
| --- | --- |
| Connection | Command 对象使用的数据库连接 |
| CommandText | 要执行的 SQL 语句 |
| 方 法 | 说 明 |
| int ExcuteNonQuery（） | 返回命令影响的行数 |
| SqlDataReader ExecuteReader（） | 返回 DataReader 对象 |
| object ExecuteScalar（） | 返回执行结果的首行首列 |

一般在判断用户输入数据是否与数据库数据一致时使用的是 ExecuteScalar（）方法，实现方法是利用 SQL 语句中的 COUNT（*）语句来判断数据库中应用程序查询的语句记录条数。

使用 Command 对象的步骤如下。

（1）创建数据库连接。

（2）定义要执行的 SQL 语句。

（3）创建 Command 对象。

（4）调用 Command 对象中的某个方法执行 SQL 命令。

## 3.3.4　常见错误与问题

（1）没有打开或关闭数据库连接。

在执行 Command 对象前必须先打开数据库连接对象，正如要在两岸通过货车运输物品，如果没有桥而只有货车，肯定是无法运货的。如果没有打开数据库连接，则会出现下面的异常。

try 部分代码修改为如下，修改处用黑体显示。

```
try
{
  //   conn.Open();
    SqlCommand comm = new SqlCommand(sqlStr, conn);
    if ((int)comm.ExecuteScalar() == 1)
    {
        MessageBox.Show("登录数据库成功！");
        Test myForm = new Test();
        myForm.Show();
    }
}
catch (Exception ex)
{
    MessageBox.Show(ex.Message);
}
```

代码执行后，单击“登录”按钮会弹出异常提示，如图 3-23 所示。

图 3-23　异常提示

将 try 块中注释的“//　**conn.Open();**”语句去掉“//”即可解决这个问题，如果程序中忘记写数据库连接打开命令，则加上打开命令即可。

（2）ExecuteScalar()方法的返回值没有进行类型转换。

ExecuteScalar()方法的返回值是 object 对象类型，而不是主观上认为的数字类型，所以在进行操作时必须将其进行数据类型的转化，否则会出现数据类型不匹配的错误。没有对 ExecuteScalar()方法进行数据类型转化会发生异常，如图 3-24 所示。

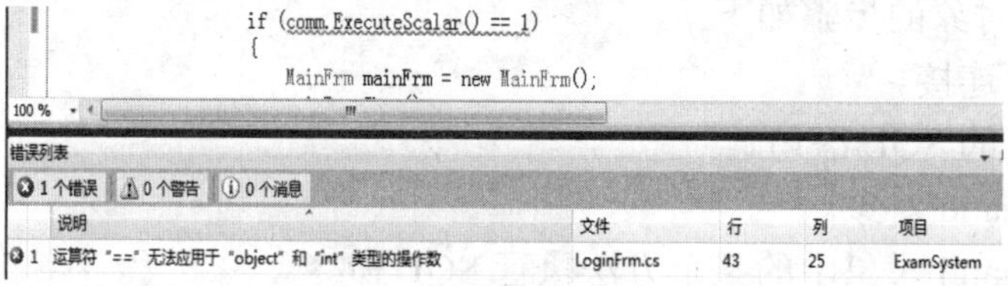


图 3-24　ExecuteScalar()方法的返回值没有进行类型转换

## 3.3.5　上机实训

**【上机练习 1】**

实现 ExamSystem 考试系统管理员登录功能。

需求说明：

（1）输入管理员用户名和密码，并选择登录类型为管理员。

（2）在数据库中查询管理员用户名和密码是否与用户输入的一致，并且登录类型为管理员。

（3）若验证通过，则跳转到登录成功后的窗体，否则给出必要提示。

（4）使用 DBHelper 类编写有关数据库的操作方法。

（5）对数据库的操作调用 DBHelper 类相应方法来实现。

登录之后的页面如图 3-25 所示。

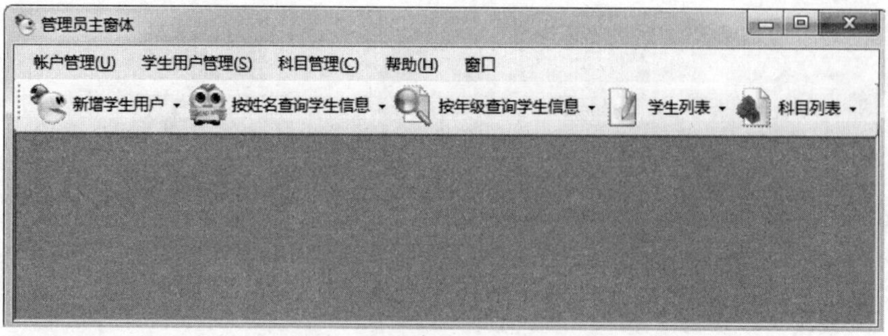


图 3-25　登录之后的管理员主窗体

（6）在 DBHelper 类中添加方法 LoginSystem(string strLoginName,string strPwd)，参考代码如下。

```
public int LoginSystem(string strLoginName,string strPwd)
{
    //数据库命令
    string strSql = "select count(*) from login where id='"+strLoginName+"' and pwd='"+strPwd+ "'";
    //数据库连接打开
    TestOpenDB();
    //Command 命令创建
    SqlCommand com = new SqlCommand(strSql,conn);
    //返回结果
    return((int)com.ExecuteScalar());
}
```

其中，加黑的语句需要格外注意，因为此语句是对数据库进行操作的 SQL 语句，但由于存在用户名与密码两个参数，因此需要用到字符串的拼接，使其变成一个新的字符串。注意单引号'所在字符串中的位置。

**【上机练习 2】**

实现 ExamSystem 考试系统学生人数的统计。

需求说明：

（1）在学生用户管理中添加一个“统计学生人数”选项。

（2）单击“统计学生人数”按钮弹出对话框显示学生人数。

（3）使用 DBHelper 类。

实训要点：

（1）连接和关闭数据库。

（2）异常处理。

（3）Command 对象。

（4）使用 ExecuteScalar()方法统计学生人数。

实现思路及关键代码：

（1）创建 DBHelper 类提供对数据库的有关操作，在方法内可添加异常处理。

（2）创建 SchoolManager 类，实现对 DBHelper 类中数据库操作方法的调用。

DBHelper 类中查询学生数量代码参考如下。

```
//查询学生数量
//返回结果-1:表示失败;其他结果表示成功
public int GetStudentNumber()
{
    SqlConnection conn = new SqlConnection(strConn);
    try
    {
        string strSql = "select count(*) from Student ";
        conn.Open();
        SqlCommand comm = new SqlCommand(strSql, conn);
        int iStuNum = (int)comm.ExecuteScalar();
        return iStuNum;
```

```
            }
            catch (Exception)
            {
                return -1;
            }
            finally
            {
                conn.Close();
            }
        }
```

在 SchoolManager 类中查询学生人数的参考代码如下。

```
DBHelper myDBHelper = new DBHelper();//创建 DBHelper 对象实例

// 查询学生数量并处理结果
public string StudentNumber()
        {
            int iStuNum = myDBHelper.GetStudentNumber ();
            if (iStuNum == -1)
            {
                return( "查询失败");
            }
            else
            {
                return ("在校学生人数： " + iStuNum);
            }
        }
```

“统计学生人数”按钮的单击事件的参考代码如下。

```
SchoolManager mySchool = new SchoolManager();
MessageBox.Show(mySchool.StudentNumber());
```

## 归纳与总结

- ADO.NET 是.NET Framework 中的一组允许应用程序与数据库交互的类。
- ADO.NET 的两个主要组件是.NET Framework 数据提供程序和 DataSet。
- .NET Framework 数据提供程序有 4 个核心对象。
- Connection 对象用于建立应用程序与数据库之间的连接，需要显示打开和关闭。
- Command 对象允许应用程序向数据库发送命令请求，可以检索和操作数据库中的数据。
- Command 对象中的 ExecuteScalar()方法返回检索结果的首行首列数据，但返回的是一个 object 类型的数据。
- 对于程序中可能发生的异常错误，可使用 try-catch-finally 语句进行处理。
- 创建 DBHelper 类专门处理有关数据库操作的代码。
- 创建 SchoolManager 类处理具体事务代码。

# 项目 4

# 数据查询和操作

在项目 3 中初步认识了 ADO.NET，知道它提供了两个组件来访问和处理程序。在前面掌握了使用 Connection 对象将应用程序与数据库相连的方法，并且利用 Command 对象中的 ExecuteScalar()方法获得单个值的查询。

在项目 4 中将进一步学习使用 Command 对象中的另外两个方法，即 ExecuteReader()和 ExecuteNonQuary()来完成对数据库的增、删、改、查操作。学习完本项目后可发现数据库再也不是挡在自己面前的“大山”，而是一座已经打开门的“宝库”。

## 工作任务

- 完成 ExamSystem 项目年级绑定数据库功能。
- 完成 ExamSystem 项目按学号查询学生信息功能。
- 完成 ExamSystem 项目新增年级记录功能。
- 完成 ExamSystem 项目修改学生地址功能。
- 完成 ExamSystem 项目按学号删除学生记录功能。

## 技能目标

- 会使用 DataReader 对象查询数据。
- 会使用 Command 对象对数据进行增、删、改、查等操作。
- 会使用 DBHelper 类对数据库进行操作。
- 会使用 ExamManager 类对 DBHelper 类进行事务处理。

## 预习作业

- 创建和使用 DateReader 对象的方法和步骤是什么？
- 使用 ExecuteNonQuery()方法对数据库中的数据进行更新的步骤是什么？

# 任务 4.1 “学生信息”窗体年级数据绑定

## 任务描述

从数据库中读取年级记录，并将读取到的年级记录显示在“学生信息”窗体中年级下拉列表中。

## 任务分析

直接从数据库中利用 ExecuteReader()读取数据库中的记录，然后将数据绑定到下拉列表即可完成任务。现在要通过 ExamManager 类对 DBHelper 类中的方法调用来完成本任务，为以后的三层架构程序设计打下基础。

## 4.1.1 任务实现代码及说明

实现步骤如下。

（1）打开项目 3 中的任务 3.3，或者自行建立一个新的项目。

（2）修改和完成使用管理员用户名和密码登录系统后打开管理员主窗体，界面参考如图 4-1 所示（注意，添加一个 MenuScript 控件，一个 ToolScript 控件）。

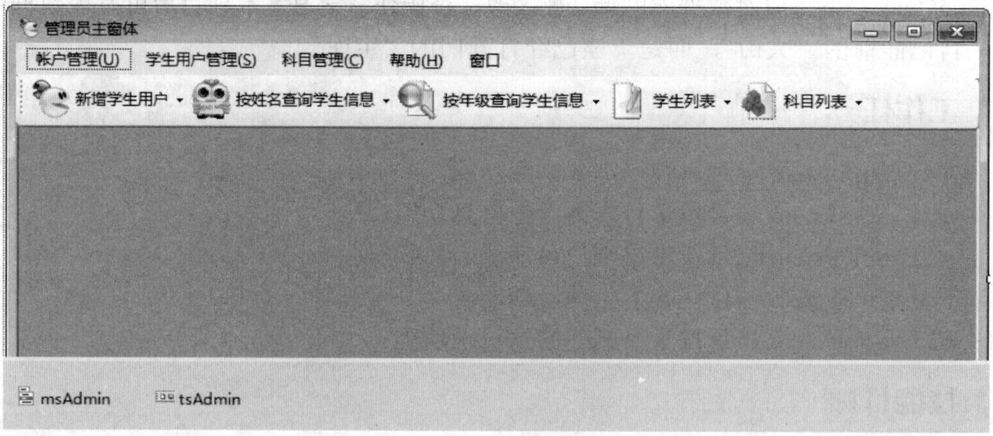


图 4-1 管理员主窗体

（3）双击“新增学生用户”按钮添加代码，进入“学生信息”界面，界面设计如图 4-2 所示。

“新增学生用户”单击事件参考代码如下。

```
private void tsmiNewStudent_Click(object sender, EventArgs e)
{
    NewStudentFrm newStudent = new NewStudentFrm();
    newStudent.MdiParent = this;
    newStudent.Show();
}
```

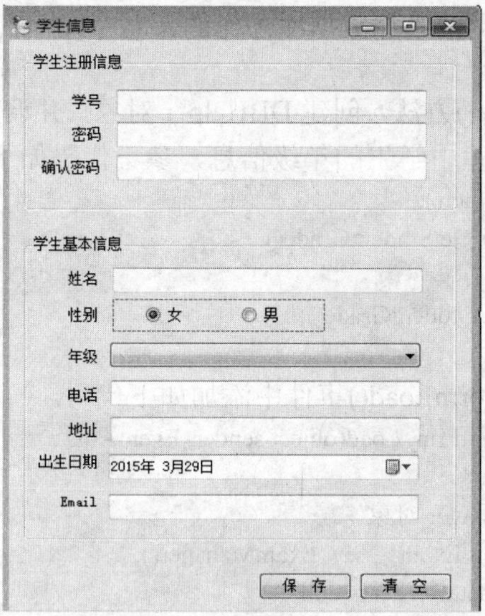


图 4-2 “学生信息”界面

（4）右击 ExamSystem 项目，在弹出的快捷菜单中添加类并命名类名为 DBHelper，在添加的 DBHelper 类中增加公有方法 GetStudentGrade()，用于得到学生年级。增加 DBHelper 类的方法如图 4-3 所示。

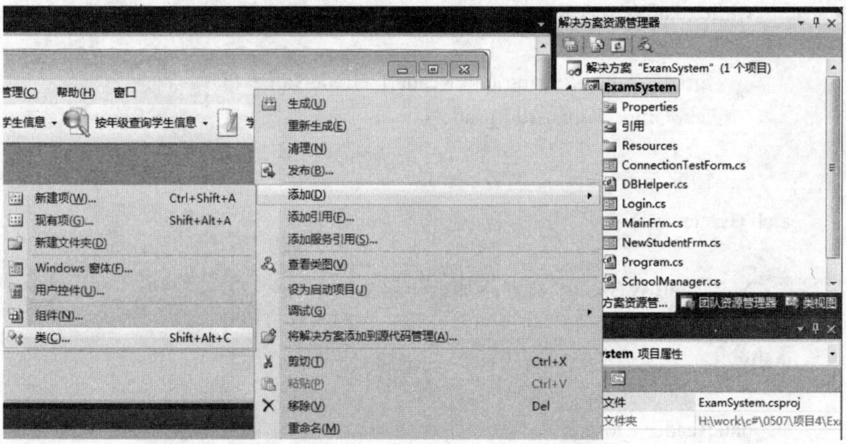


图 4-3 新建 DBHelper 类方法

增加学生年级方法的参考代码如下。

```
public SqlDataReader GetStudentGrade()
{
        SqlConnection conn = new SqlConnection(strConn);
        conn.Open();
        string sql = "select gradeName from grade";
        SqlCommand command = new SqlCommand(sql, conn);
        // 执行查询
        SqlDataReader dataReader = command.ExecuteReader();
        return dataReader;
}
```

（5）新增 ExamManager 类，添加数据库操作的命名空间，代码如下。

```
using System.Data.SqlClient;
```

（6）添加 GetStudentGrade()方法，创建 DBHelper 对象，并调用 DBHelper 类中的公有方法 GetStudentGrade()，得到数据库中学生的年级信息，参考代码如下。

```
DBHelper myDB = new DBHelper();
        public SqlDataReader GetStudentGrade()
        {
            return myDB.GetStudentGrade();
        }
```

在“学生信息”界面的 FormLoad()事件中添加如下代码。

```
        private void NewStudentFrm_Load(object sender, EventArgs e)
        {
            //创建 ExamManager 对象
            ExamManager myExam = new ExamManager();
            SqlDataReader dataReader = null;
            try
            {
                // 执行查询
                dataReader = myExam.GetStudentGrade();
                string gradeName = "";   // 年级名称
                // 循环读出所有年级名称，并添加到年级列表框中
                while (dataReader.Read())
                {
                    gradeName = (string)dataReader["GradeName"];
                    cboGrade.Items.Add(gradeName);
                }
            }
            catch (Exception)
            {
                MessageBox.Show("数据库加载年级失败！");
            }
            finally
            {
                dataReader.Close();
            }
        }
```

程序正确执行后的结果如图 4-4 所示。

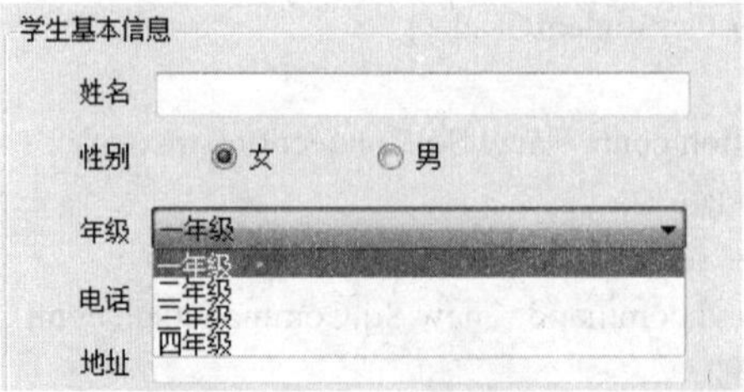


图 4-4　加载出数据库中的年级记录

【小贴士】

（1）为了可以正常使用 SQL Server .NET 数据提供程序，一定要在每次使用到数据库对象的时候（不管是在 Windows 窗体中还是在用户自定义类中）加入引用命名空间的语句“**using System.Data.SqlClient;**”。

（2）FormLoad()事件是窗体加载后要执行的事件，一般在此方法中添加数据库连接或初始化变量、对象、方法等程序代码，即一般程序在执行前要做的一些准备工作代码都在此事件中完成。

（3）下面的语句中引号里的字段表明数据库中要读取的字段，不可以写错，否则无法读取数据。当然，也可以利用索引号进行数据的读取，但是为了防止出错，建议大家填写字段。

```
gradeName = (string)dataReader["GradeName"];
```

## 4.1.2 将存在项目窗体加入到新建项目中

在项目 1 中已经创建了 ExamSystem 项目的登录窗体、管理员窗体及新增学生窗体，如何实现在新建的项目中使用之前项目中的窗体呢？项目 1 中的项目是 MySchool，现在创建的项目是 ExamSystem，具体实现步骤如下。

（1）在 MySchool 项目中找到需要的 3 个窗体的全部文件并复制到 ExamSystem 项目文件夹中，如图 4-5 所示。

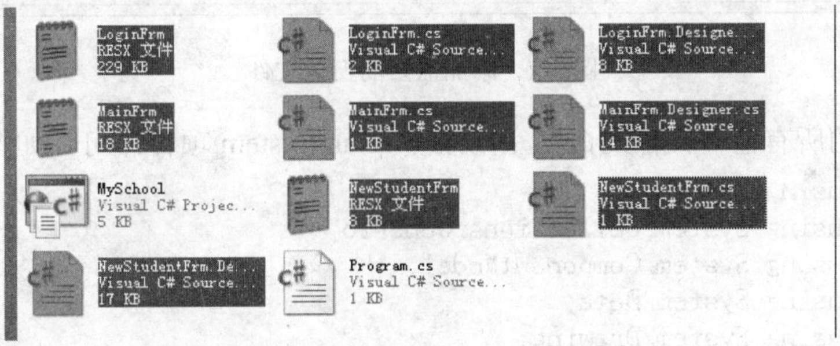


图 4-5 复制文件

（2）在 ExamSystem 项目中添加现有项，如图 4-6 所示。

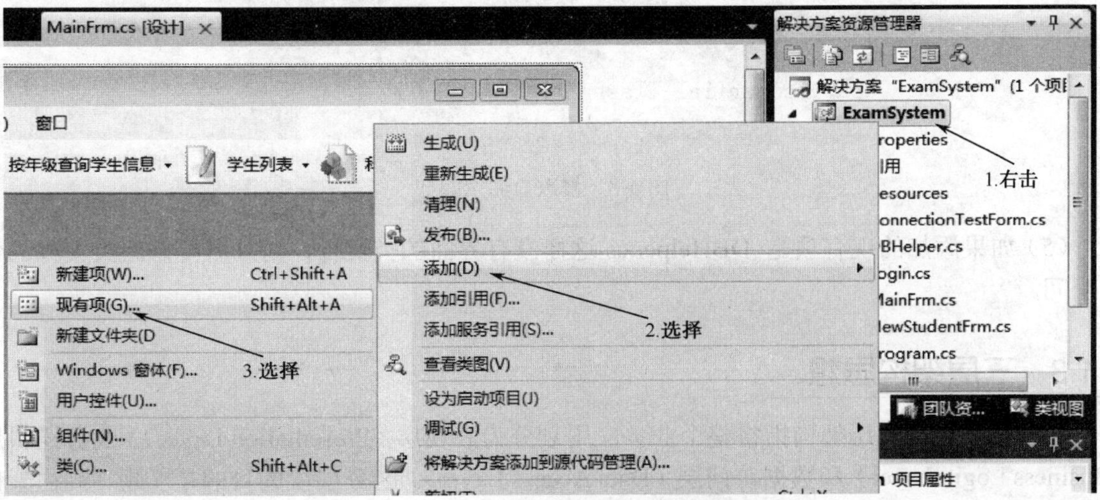


图 4-6 在 ExamSystem 项目中添加现有项

（3）添加 MySchool 项目中复制粘贴的 9 个窗体文件，如图 4-7 所示。

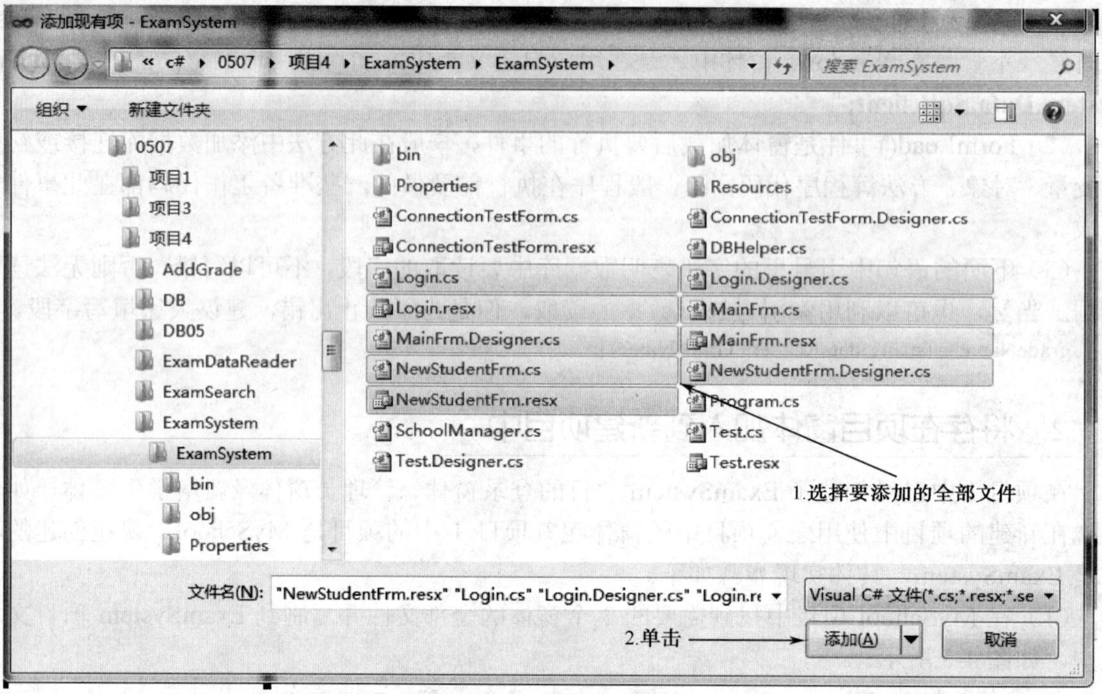


图 4-7　添加需要的窗体文件

（4）将添加的所有窗体文件的命名空间改为 ExamSystem 项目即可，如图 4-8 所示。

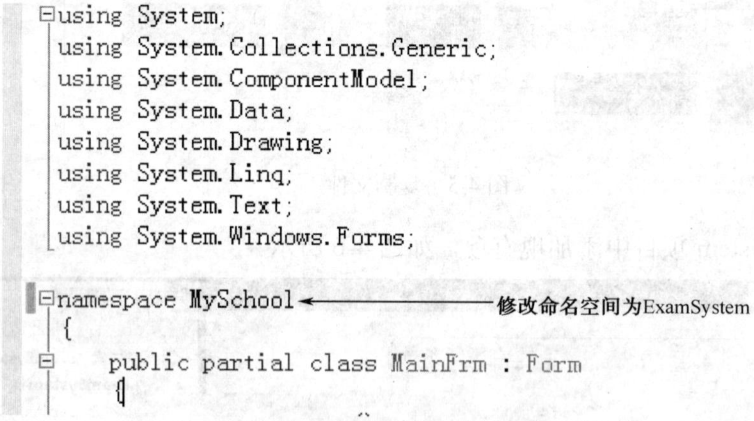


图 4-8　修改命名空间

（5）如果添加的现有项是 DBHelper.cs 这样没有界面的类文件，则只需要修改类文件的命名空间。

## 4.1.3　三层架构思想

通常意义上的三层架构指将整个业务应用划分为表现层（Presentation Layer）、业务逻辑层（Business Logic Layer）和数据访问层（Data Access Layer）。区分层次的目的是实现“高内聚低耦合”的思想。在软件体系架构设计中，分层式结构是最常见，也是最重要的一种结构。Microsoft推荐的分层式结构一般分为3层，从下至上分别为数据访问层、业务逻辑层（又称为领域层）、表示层。

**1. 三层架构的原理**

3个层次中，系统主要功能和业务逻辑都在业务逻辑层中进行处理。

所谓三层体系结构，是在客户端与数据库之间加入了一个“中间层”，也称组件层。这里所说的三层体系，不是指物理上的三层，不是简单地放置三台机器就是三层体系结构，也不仅仅B/S应用才是三层体系结构，三层是指逻辑上的三层，即把这三个层放置到一台机器上。

三层体系的应用程序将业务规则、数据访问、合法性校验等工作放到了中间层进行处理。通常情况下，客户端不直接与数据库进行交互，而是通过COM/DCOM通信与中间层建立连接，再经由中间层与数据库进行交互。

三层架构基本原理如图4-9所示。

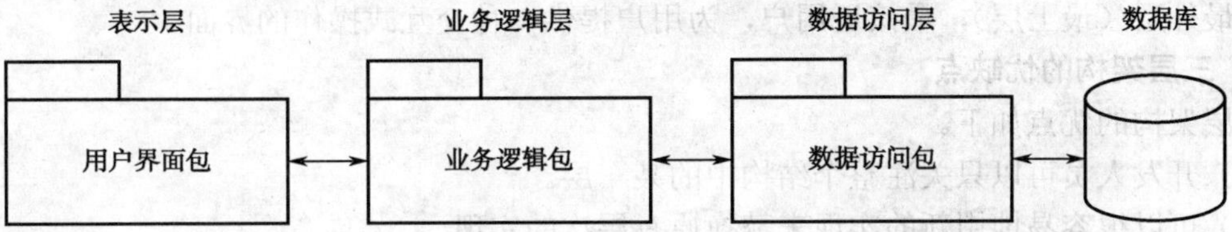


图4-9 三层架构基本原理

**2. 三层架构中各层的作用**

（1）数据访问层：主要指原始数据（数据库或者文本文件等存放数据的形式）的操作层，而不是指原始数据，也就是说，是对数据的操作，而不是对数据库的操作，具体为业务逻辑层或表示层提供数据服务。

（2）业务逻辑层：主要针对具体的问题的操作，也可以理解成对数据层的操作，对数据业务进行逻辑处理，如果说数据层是积木，那么逻辑层就是对这些积木的搭建。

（3）表示层：主要表示Web方式，也可以表示成WINFORM方式，Web方式也可以表现为aspx，如果逻辑层相当强大和完善，则无论表现层如何定义和更改，逻辑层都能完善地提供服务。

**3. 三层架构的区分方法**

（1）数据访问层：主要看数据层中有没有包含逻辑处理，实际上它的各个函数主要完成对数据文件的操作，而不必管其他操作。

（2）数据访问层：其功能主要是负责数据库的访问，可以访问数据库系统、二进制文件、文本文档或者XML文档。

简单来说，就是实现对数据表的Select、Insert、Update、Delete等操作。如果要加入ORM的元素，那么会包括对象和数据表之间的mapping，以及对象实体的持久化。

（3）业务逻辑层：主要负责对数据层的操作，即把一些数据层的操作进行组合。

业务逻辑层无疑是系统架构中体现核心价值的部分。它的关注点主要集中在业务规则的制定、业务流程的实现等与业务需求有关的系统设计，即它与系统所应对的领域逻辑有关。例如，Martin Fowler在《Patterns of Enterprise Application Architecture》一书中，将整个架构分为三个主要的层：表示层、领域层和数据源层。作为领域驱动设计的先驱Eric Evans，对业务逻辑层做了更细致地划分，细分为应用层与领域层，通过分层进一步将领域逻辑与领域逻辑的解决方案分离。

业务逻辑层在体系架构中的位置很关键，它处于数据访问层与表示层中间，起到了数据交换中承上启下的作用。由于层是一种弱耦合结构，层与层之间的依赖是向下的，下层对于上层而言是“无知”的，改变上层的设计对于其调用的下层而言没有任何影响。如果在分层设计时，遵循了面向接口设计的思想，那么这种向下的依赖也应该是一种弱依赖关系。因而在不改变接口定义的前提下，理想的分层式架构应该是一个支持可抽取、可替换的“抽屉”式架构。正因为如此，业务逻辑层的设计对于一个支持可扩展的架构尤为关键，因为它扮演了两个不同的角色。对于数据访问层而言，它是调用者；对于表示层而言，它却是被调用者。依赖与被依赖的关系都纠结在业务逻辑层上，如何实现依赖关系的解耦，则是除了实现业务逻辑之外留给设计师的任务。

（4）表示层：主要对用户的请求接收，以及数据的返回，为客户端提供应用程序的访问。它位于最外层（最上层），最接近用户，为用户提供一种交互式操作的界面。

**4. 三层架构的优缺点**

三层架构的优点如下。

（1）开发人员可以只关注整个结构中的某一层。

（2）可以很容易地用新的实现来替换原有层次的实现。

（3）可以降低层与层之间的依赖。

（4）有利于标准化。

（5）利于各层逻辑的复用。

（6）结构更加明确。

（7）在后期维护的时候，极大地降低了维护成本和维护时间。

三层架构的缺点如下。

（1）降低了系统的性能。这是不言而喻的。如果不采用分层式结构，很多业务可以直接访问数据库，以此获取相应的数据，如今却必须通过中间层来完成。

（2）有时会导致级联的修改。这种修改尤其体现在自上而下的方向。如果在表示层中需要增加一个功能，则为了保证其设计符合分层式结构，可能需要在相应的业务逻辑层和数据访问层中都增加相应的代码。

（3）增加了开发成本。

**5. 三层架构与 MVC 的区别**

MVC［模型（Model）-视图（View）-控制器（Controller）］是一种架构模式，可以用它来创建在域对象和 UI 表示层对象之间的区分。

它们同样是架构级别的，相同的地方在于它们都有表现层，区别在于其他两个层。

在三层架构中没有定义 Controller 概念。这是最不同的地方。而 MVC 也没有把业务的逻辑访问看做两个层，这是采用三层架构或 MVC 搭建程序最主要的区别。在三层架构中也提到了 Model，但是三层架构中 Model 的概念与 MVC 中 Model 的概念是不一样的，“三层”中典型的 Model 层是以实体类构成的，而 MVC 中则是由业务逻辑与访问数据组成的。

在 ExamSystem 系统中通过窗体（表示层）、ExamManager 类（业务逻辑层）和 DBHelper 类（数据访问层），简单模拟和实现了三层架构编程的思想。当然，三层架构远远不是我们项目中实现的这样简单，在此只是希望读者可以建立起三层架构的程序设计思想，为日后程序设计打下基础。

## 4.1.4 DataReader 对象概述

ADO.NET 的 DataReader 对象只允许以只读、顺向的方式查看其中存储的数据，提供一个非常有效率的数据查看模式，同时DataReader对象是一种非常节省资源的数据对象。DataReader对象从数据源中检索只读、只进的数据流，每次只从数据源中提取一条记录。

DataReader 对象可通过 Command 对象的 ExecuteReader 方法从数据源中检索数据。每一种.NET Framework 数据提供程序都有与之对应的 DataReader 类，如表 4-1 所示。

表 4-1 .NET 数据提供程序及其 DataReader 类

| .NET 数据提供程序 | DataReader 类 | 命 名 空 间 |
|---|---|---|
| SQL Server 数据提供程序 | SqlDataReader | System.Data.SqlClient |
| Oracle 数据提供程序 | OracleDataReader | System.Data.OracleClient |
| OLE DB 数据提供程序 | OleDbDataReader | System.Data.OleDb |
| ODBC 数据提供程序 | OdbcDataReader | System.Data.Odbc |

使用 DataReader 对象读取数据时不能进行修改，因为它是只读的，应用程序要始终保持和数据库的连接。DataReader 对象的主要属性和方法如表 4-2 所示。

表 4-2 DataReader 对象的主要属性和方法

| 属 性 | 说 明 |
|---|---|
| HasRows | 表示查询是否返回结果。如有返回结果，则返回 True，否则返回 False |
| FieldCount | 当前行中的列数 |
| 方 法 | 说 明 |
| bool Read() | 前进到下一条记录，如果读取到记录，则返回 True，否则返回 False |
| void Close() | 关闭 DataReader 对象 |

## 4.1.5 创建和使用 DataReader 对象

使用 DataReader 对象需要调用 Command 对象的 ExecuteReader()方法，ExecuteReader()方法的返回值是一个 DataReader 对象。再使用 DataReader 对象的 Read()方法读取一条记录。

创建和使用 DataReader 对象的步骤如下。

（1）创建 Command 对象。

（2）调用 Command 对象的 ExecuteReader()方法返回 DataReader 对象。

假设已经创建了一个 Command 对象，对象名是 comm。创建 DataReader 对象的语法如下。

```
SqlDataReader myReader = comm.ExecuteReader();
```

（3）调用 DataReader 对象的 Read()方法，逐条读取查询结果集中的记录。

Read()方法返回的是一个布尔值，能读到数据返回 True，否则返回 False。其语法如下。

```
myReader.Read();
```

（4）读取当前行指定列的数据。

操作类似对数组对象的操作，可以指定选取的列名也可以指定为索引号（和数组一样，从 0 开始），其语法如下。

```
（数据类型）dataReader[“指定列名”];
（数据类型）dataReader[索引号];
```

（5）关闭 DataReader 对象。

如果我们现在正在通电话，其他人此时接通我们的电话就会提示拨打的电话正在通话中，只有当我们结束通话后，其他人才能打通。使用 DataReader 对象读取数据时也会占用数据库的连接，因此使用完 DataReader 对象之后必须调用 Close()方法关闭，这样其他与数据库的连接操作才可以对数据库进行连接。其语法如下。

```
myReader.Close();
```

### 4.1.6 常见错误与问题

（1）DBHelper 类方法 GetStudentGrade()没有定义为公有。

在默认的情况下，类中的方法默认为私有，如果没有更改方法为 public，那么在 ExamManager 类中就无法调用 DBHelper 类中的 GetStudentGrade()方法。Visual Studio 会提示错误，如图 4-10 所示。

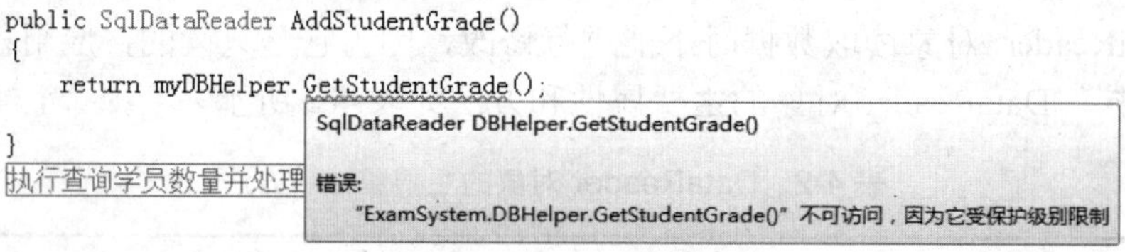


图 4-10　DBHelper 类中的 GetStudentGrade()方法为私有

（2）在读取 DataReader 对象数据前没有执行 Read()方法，如下面的代码所示。

```
gradeName = (string)dataReader[0];
            cboGrade.Items.Add(gradeName);
```

代码在编译的时候虽然没有报错，但是在运行的时候会发生异常，弹出下面的消息框，如图 4-11 所示。

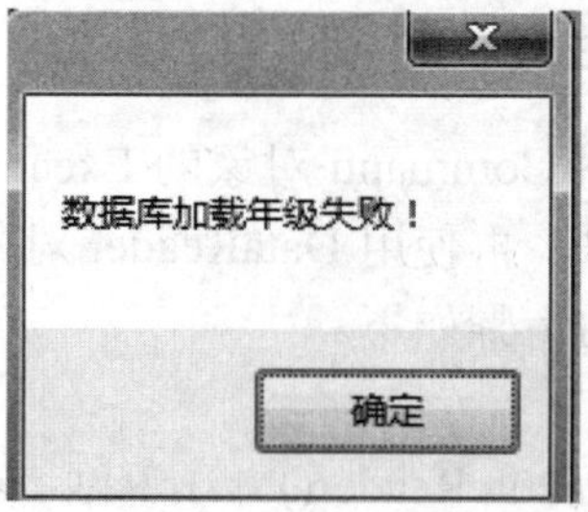


图 4-11　DataReader 对象读取异常消息框

（3）关闭 DataReader 对象之前，又使用了 Command 对象执行数据库的其他操作。

如果出现此种情况，则会出现异常信息提示：已有打开的与此命令相关联的 DataReader，必须先将它关闭。

解决此种问题的办法是在 DataReader 对象获取数据之后将其关闭，调用其 Close()方法，代码如下。

```
dataReader.Close();
```

## 4.1.7 上机实训

【上机练习 1】

查看学生列表。

需求说明：

（1）创建 ExamSystem 项目。

（2）创建用于操作 SQL Server 数据库的 DBHelper 类，得到数据库中的学生记录。

（3）创建 ExamManager 类用于管理得到的 DBHelper 类中的学生列表。

（4）单击“学生列表”按钮，在主窗体的 ListView 控件中显示学生记录信息。

实现思路及关键代码：

（1）创建“管理员主窗体”，可使用之前的项目或重新创建，界面参考图 4-1。

（2）创建窗体“学生列表”，在窗体中添加 ListView 列表控件 lvStudent，并设置其 View 属性为 Details，columns 属性的设置如图 4-12 所示。

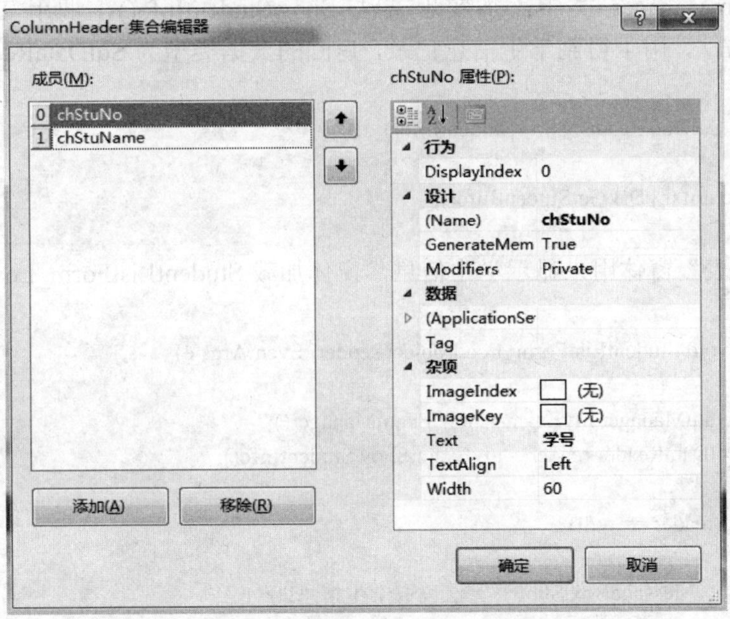


图 4-12 columns 属性的设置

（3）在 DBHelper 类中添加实现方法 GetStudentInfo()，用以得到学生信息记录，参考代码如下。

```
public SqlDataReader GetStudentInfo()
        {
            SqlConnection conn = new SqlConnection(strConn);
            try
            {
                conn.Open();

                StringBuilder sb = new StringBuilder();
```

```
                sb.AppendLine("SELECT");
                sb.AppendLine("                [StudentID]");
                sb.AppendLine("                ,[StudentName]");
                sb.AppendLine("FROM");
                sb.AppendLine("                [Student]");

                SqlCommand comm = new SqlCommand(sb.ToString(), conn);
                return comm.ExecuteReader();
            }
            catch (Exception)
            {
                return null;
            }
        }
```

注意理解和掌握此段代码生成数据库查询语句的方法，并与之前学过的字符串拼接及String.Building()方法进行比较。

（4）在 ExamManager 类中添加实现方法 ShowStudentInfo()，调用 DBHelper 类中的GetStudentInfo()方法，用于得到学生信息记录，返回的数据类型为 SqlDataReader，参考代码如下。

```
        public SqlDataReader ShowStudentInfo()
        {
            return myDB.GetStudentInfo();
        }
```

（5）“学生列表”窗体用来显示学生信息，窗体加载 StudentListForm_Load()事件，参考代码如下。

```
        private void StudentListForm_Load(object sender, EventArgs e)
        {
            ExamManager myExam = new ExamManager();
            SqlDataReader reader = myExam.ShowStudentInfo();

            if (reader == null)
            {
                MessageBox.Show("无法读取学生信息!");
            }
            //循环读取 DataReader
            while (reader.Read())
            {
                string stuNo = reader["StudentID"].ToString();
                string stuName = reader["StudentName"].ToString();
                ListViewItem item = new ListViewItem(stuNo);
                item.SubItems.Add(stuName);

                lvStudent.Items.Add(item);
            }
            //关闭 DataReader
            reader.Close();
```

```
    }
```

【上机练习 2】

查看科目列表。

需求说明：

（1）创建 ExamSystem 项目。

（2）创建用于操作 SQL Server 数据库的 DBHelper 类得到数据库中的科目记录。

（3）创建 ExamManager 类用于管理得到的 DBHelper 类中的科目列表。

（4）单击“科目列表”按钮，在主窗体的 ListView 控件中显示科目记录信息。

（5）增加必要的异常处理代码。

实现思路及关键代码：

（1）查看数据库中一个表的数据时一般使用 DataReader 完成。

（2）关键代码略，可参考本任务的上机练习 1。

## 任务 4.2　根据学生姓名查询学生信息

### 任务描述

在 ExamSystem 项目中单击“按姓名查询学生信息”按钮，打开查询窗体，在“学生姓名”文本框中输入学生姓名，单击“查询”按钮，若查到学生信息，则显示该学生信息；若查询不到学生信息，则弹出消息框，提示“不存在该学生，请重新按姓名查询”；若数据库异常，则弹出消息框，提示“数据库异常”。

### 任务分析

利用 ExecuteReader()对象，设定合适的查询 SQL 语句完成任务，并将结果显示在 ListView 控件中。注意 ExamManager 类与 DBHelper 类的使用技巧。

### 4.2.1　任务实现代码及说明

实现步骤如下。

（1）打开之前完成的项目 3 中的任务 3.3 创建的项目，或者自行建立一个新的项目。

（2）修改和完成使用管理员用户名和密码登录系统后打开管理员主窗体，界面参考图 4-1（参见任务 4.1）。

（3）在“按姓名查询学生信息”按钮事件中添加打开“按姓名查询”窗体，参考代码如下。

```
private void 按姓名查询MToolStripMenuItem_Click(object sender, EventArgs e)
{
    SearchByName stuForm = new SearchByName();
    stuForm.MdiParent = this;
    stuForm.Show();
}.
```

此部分代码将打开一个 MDI 子窗体，并指定当然窗体为 MDI 父窗体。

（4）DBHelper 类中添加 GetStuByName()方法，参考代码如下。

```
public SqlDataReader GetStuByName(string strName)
    {
        SqlConnection conn = new SqlConnection(strConn);
        try
        {
            conn.Open();
            string sql = "select * from student where StudentName='" + strName + "'";
            SqlCommand comm = new SqlCommand(sql, conn);
            // 执行查询
            return comm.ExecuteReader();
        }
        catch (Exception)
        {
            return null;
        }
    }
```

因为要根据学生姓名来查询学生信息，因此定义了一个 strName 字符串参数来传递要查询的学生姓名。

（5）在 ExamManager 类中添加 GetStuByName()方法，参考代码如下。

```
public SqlDataReader GetStuByName(string strName)
{
    return myDB.GetStuByName(strName);
}
```

（6）创建“查询学生信息”窗体，界面参考图 4-13 所示。

（7）设置“查询学生信息”窗体中 ListView 控件的 View 属性为 Details。

（8）设置“查询学生信息”窗体中 ListView 控件的 Columns 的 4 个成员。

（9）为“查询学生信息”窗体中的“查询”按钮事件添加如下代码。

```
private void btnSerach_Click(object sender, EventArgs e)
{
    ExamManager myExam = new ExamManager();
    SqlDataReader dataReader = myExam.GetStuByName(txtName.Text);
    if (dataReader==null)
    {
        MessageBox.Show("数据库异常");
    }
    else if (!dataReader.HasRows)
    {
        MessageBox.Show("不存在该学生，请重新按姓名查询");
    }
    else
    {
        while (dataReader.Read())
        {
            lvStudent.Items.Clear();
            // 创建一个 ListView 项
            int loginId = (int)dataReader["LoginId"];
```

```
                string studentName = (string)dataReader["StudentName"];
                string studentNO = (string)dataReader["StudentID"];
                string userAddress = (string)dataReader["Address"];

                ListViewItem lviStudent = new ListViewItem(loginId.ToString());
                lviStudent.SubItems.Add(studentName);
                lviStudent.SubItems.Add(studentNO);
                lviStudent.SubItems.Add(userAddress);

                lvStudent.Items.Add(lviStudent);
            }
            dataReader.Close();
        }
    }
```

在代码中，dataReader==null 表示数据库查询出现异常；!dataReader.HasRows 表示查询到的是空记录，即查询不到指定学生的信息；其他情况表示根据提供学生姓名查询到学生信息。

启动程序运行，单击“按姓名查询学生信息”按钮，输入查询学生姓名“张三”，单击“查询”按钮，在数据库中查询到学生“张三”的信息，结果会显示在 ListView 控件中，如图 4-13 所示。

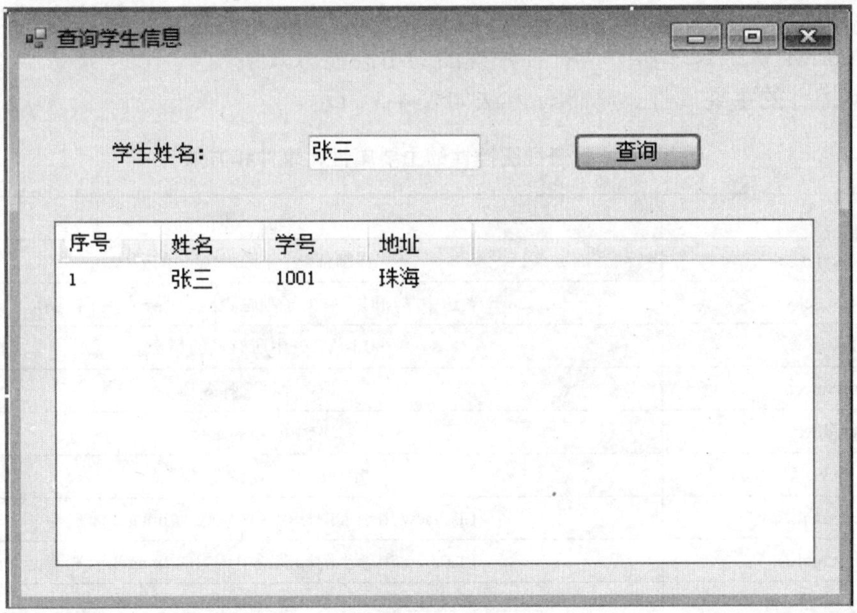


图 4-13 按姓名查询学生信息

## 4.2.2 ListView 控件

列表视图控件（ListView）是 Windows 控件中一个很重要的控件。在 Windows 操作系统中 ListView 控件随处可见，如 Windows 操作系统中的资源管理器就是使用 ListView 控件实现的，如图 4-14 所示。

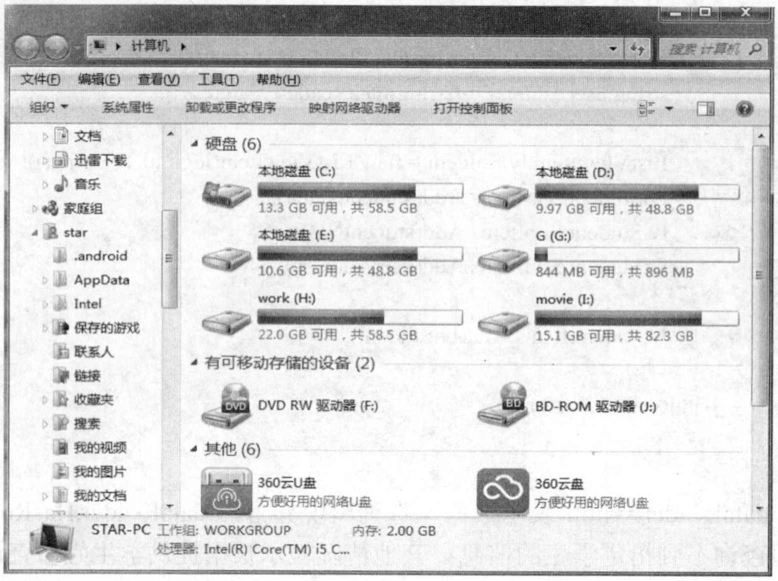


图 4-14　Windows 资源管理器

使用 ListView 控件可以在特定样式或者视图中显示信息，它有多种视图模式，如大图标（LargeIcon）、小图标（SmallIcon）、列表（List）、详细信息（Detail）、平铺（Tile）等，读者可自行在 Windows 资源管理器中查看各种视图的不同显示效果。

ListView 控件的主要属性、事件、方法如表 4-3 所示。

**表 4-3　列表视图控件的主要属性、事件和方法**

| 属　性 | 说　明 |
|---|---|
| Columns | “详细信息”视图中显示的列 |
| FullRowSelect | 当选中某项时，它的子项是否同该项一起突出显示 |
| Items | ListView 中所有项的集合 |
| MultiSelect | 是否允许选择多项 |
| SelectedItems | 选中的项的集合 |
| View | 指定 ListView 的视图模式 |
| LargeImageList | ListView 用于大图标视图中图像的 ImageList 控件 |
| SmallImageList | ListView 用于小图标视图中图像的 ImageList 控件 |
| 事　件 | 说　明 |
| MouseDoubleClick | 双击事件 |
| 方　法 | 说　明 |
| Clear() | 移除 ListView 控件中的所有项 |

使用 ListView 控件动态添加数据的方法如下。

（1）创建一个 ListViewItem 对象，其语法如下。

```
ListViewItem 指定 ListViewItem 对象名 = new ListViewItem(项的文本);
```

例如：

```
ListViewItem lviStudent = new ListViewItem(loginId.ToString());
```

（2）使用 add()方法增加前面 ListViewItem 对象的子项，其语法如下。

```
指定 ListViewItem 对象名.SubItems.Add(增加的子项);
```

例如：

```
lviStudent.SubItems.Add(studentName);
lviStudent.SubItems.Add(studentNO);
lviStudent.SubItems.Add(userAddress);
```

（3）将生成的 ListViewItem 项加入到 ListView 对象中，其语法如下。

```
ListView 对象.Items.Add(ListViewItem 对象);
```

例如：

```
lvStudent.Items.Add(lviStudent);
```

## 4.2.3　常见错误与问题

（1）忘记添加清空 ListView 对象项的语句。如任务 4.2 中若去掉语句 lvStudent.Items.Clear();，程序也能执行，但是每次都会将查询到的学生信息添加到 ListView 控件中，如图 4-15 所示。

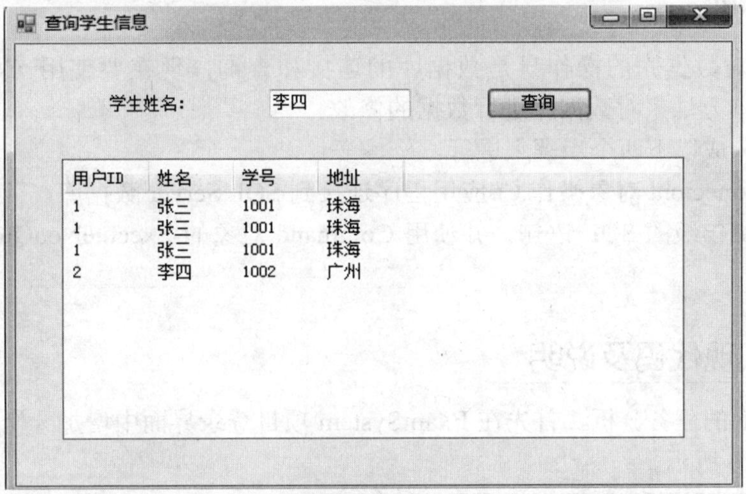


图 4-15　未清空 List View 对象项

（2）根据姓名进行数据库查询时语句中字符串拼写错误。

下面的语句在拼写的时候一定不能忘记双引号中的单引号。

```
string sql = "select * from student where StudentName='" + strName + "'";
```

因为 SQL Server 查询语句在执行的时候应当是 StudentName='要查询学生姓名'，其中要查询的学生姓名为字符串，必须放在单引号中，拼写错误会导致数据库查询异常。

## 4.2.4　上机实训

**【上机练习】**

按年级查询学生信息。

需求说明：

（1）在任务 4.2 的基础上创建“按年级查询学生信息”窗体。

（2）在数据库 ExamSystemDB 中的 Student 表中添加 gradeNo 字段。

（3）根据选定年级查询出学生信息，并显示在 ListView 控件中。

输出结果参考任务 4.2。

实现思路及关键代码：

（1）注意，给出的是年级，而在 Student 表中存在的是 gradeNo 字段。

（2）关键代码略。

# 任务 4.3　新增年级记录

## 任务描述

在 ExamSystem 项目的登录界面中增加一个“新增年级”的菜单项，在“新增年级”的鼠标单击事件中打开“新增年级”窗体，并实现增加年级的功能。

## 任务分析

前面学过的对数据库的操作只是数据库的连接和查询，现在要使用 Command 对象的 ExecuteNonQuery()方法来对数据库进行数据的修改。

本任务可以分成以下两个步骤来进行。

（1）使用 Connecíont 对象操作 C#应用程序连接到 SQL Server 数据库。

（2）编写增加年级的 SQL 语句，并使用 Command 对象的 ExecuteNonQuery()方法对数据进行增加操作。

## 4.3.1　任务实现代码及说明

（1）根据上面的任务分析，首先在 ExamSystem 项目登录界面中增加一个“新增年级”的菜单项，如图 4-16 所示。

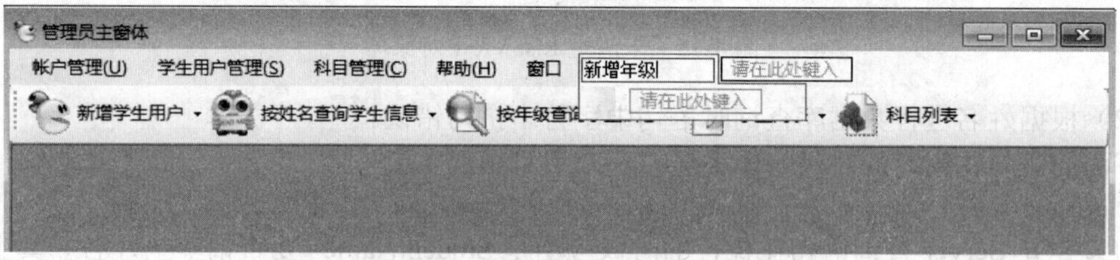


图 4-16　增加“新增年级”菜单项

（2）创建“新增年级”窗体，界面可参考图 4-17。

图 4-17　新增年级窗体

（3）为菜单项“新增年级”增加鼠标单击事件，参考代码如下。

```
private void 新增年级 ToolStripMenuItem_Click(object sender, EventArgs e)
    {
        AddGrade stuForm = new AddGrade();
        stuForm.MdiParent = this;
        stuForm.Show();
    }
```

（4）在 DBHelper 类中添加 AddGrade()方法，参考代码如下。

```
public int InsertGrade(string gradeName)
    {
        SqlConnection conn = new SqlConnection(strConn);
        try
        {
            conn.Open();
            StringBuilder sb = new StringBuilder();
            sb.AppendLine("INSERT INTO");
            sb.AppendLine("          [Grade]");
            sb.AppendLine("VALUES");
            sb.AppendLine("          ('" + gradeName + "')");
            SqlCommand comm = new SqlCommand(sb.ToString(), conn);
            return comm.ExecuteNonQuery();
        }
        catch (Exception)
        {
            return -1;
        }
        finally
        {
            conn.Close();
        }
    }
```

（5）在 ExamManager 类中添加方法 InsertGrade()，参考代码如下。

```
public int InsertGrade(string gradeName)
    {
        return myDB.InsertGrade(gradeName);
    }
```

（6）为“新增年级”窗体中的“新增年级”按钮添加双击事件，参考代码如下。

```
private void btnAddGrade_Click(object sender, EventArgs e)
    {
        ExamManager myExam = new ExamManager();
        if (myExam.InsertGrade(txtAddGrade.Text) == -1)
        {
            MessageBox.Show("增加年级异常！");
        }
        else
        {
            MessageBox.Show("您已经添加了年级"+txtAddGrade.Text);
```

```
            }
        }
```

程序运行结果如图 4-18 所示。

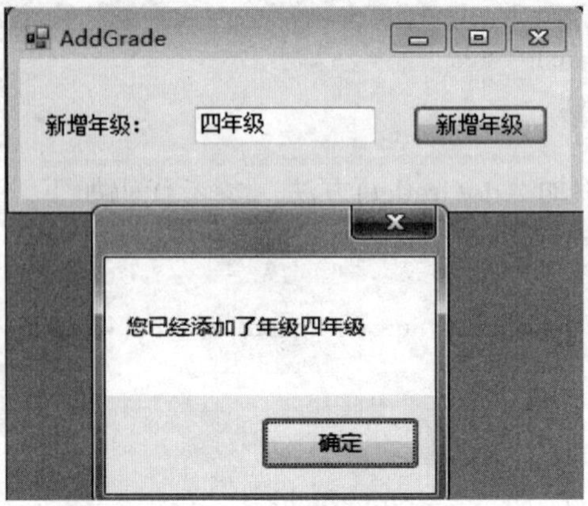


图 4-18　新增年级功能实现

### 4.3.2　ExecuteNonQuery()方法

Command 对象的 ExecuteNonQuery()方法用于执行指定的 SQL 语句，如 Update、Insert、Delete，此方法返回的是受 SQL 语句影响的记录行数。例如，成功在数据库中添加了一条数据，调用此方法就会返回影响的记录行数 1，同理，它也适用于删除和更新 SQL 语句。

使用 Command 对象的 ExecuteNonQuery()方法的步骤如下。

（1）创建数据库 Connection 连接对象。

（2）编写要执行的数据库 SQL 语句。

（3）创建 Command 对象。

（4）执行 Command 对象的 ExecuteNonQuery()方法。

（5）操作完成后关闭数据库。

（6）根据 ExecuteNonQuery()方法的返回值执行后续的操作。如果返回值小于或等于 0，则表示数据库没有记录受影响。

### 4.3.3　常见错误与问题

（1）没有打开或关闭数据库连接。

没有及时打开或关闭数据库连接，对数据库进行操作会导致数据库操作异常。平时写程序一定要按照前面介绍过的 ExecuteNonQuery()操作的方法来进行编程，尽量减少不必要的错误。

（2）数据库执行命令 SQL 语句错误。

初学数据库编程经常会遇到一些莫名其妙的错误，有时难免会手忙脚乱。要善于利用 Visual Studio 的断点调试功能，利用断点和单步调试，观察错误到底出现在什么位置，并使用“监视”仔细观察对象的数值，以达到排除错误的目的。

初学者很容易将数据库要执行的 SQL 语句写错，所以要注意放置断点，观察 SQL 语句要执行的命令到底是什么。

【小贴士】

当数据库程序出错时，不妨设置断点，获取到数据库要执行的SQL语句，将语句放到SQL Server的查询分析器中执行，看是否能得到想要的结果。如果这样都不能得到自己想要的结果，证明此SQL命令必定有错，排查错误后再进行尝试。

### 4.3.4 上机实训

【上机练习1】

完善ExamSystem项目的新增年级功能。

需求说明：

（1）查询管理员输入的年级名称在Grade表中是否已经存在。

（2）如果要增加的年级已经存在，则给出必要提示，并退出当前操作。

（3）若增加的年级不存在，则增加该年级到数据库Grade表中，并给出相应提示。

实现思路及关键代码：

（1）在DBHelper类中增加方法CheckGradeByName（string gradeName），gradeName为参数传入方法。若找到相同年级名称记录，则返回数值-1，否则返回1。

（2）在DBHelper类中修改InsertGrade（string gradeName）方法，根据CheckGradeByName（string gradeName）方法的返回值插入数据，或返回。

（3）在ExamManager类中调用DBHelper类中的InsertGrade(string gradeName)方法，完成年级记录的插入操作。

【上机练习2】

实现ExamSystem项目修改学生住址的功能。

需求说明：

（1）在学生用户管理中添加“修改学生住址”选项。

（2）单击“修改学生住址”按钮，修改学生住址。

（3）使用DBHelper类及ExamManager类。

（4）异常处理及必要的操作提示。

【上机练习3】

实现ExamSystem项目删除学生信息的功能。

需求说明：

（1）在学生用户管理中添加“删除学生”选项。

（2）在“删除学生”窗体中根据要删除学生的学号删除学生记录。

（3）使用DBHelper类及ExamManager类。

（4）异常处理及必要的操作提示。

## 归纳与总结

对数据库的最常见操作是增、删、改、查。

- Command对象的3种方法对比如下。

ExecuteScalar()方法：执行查询操作，返回结果集中的首行首列。

ExecuteReader()方法：执行查询操作，返回 DataReader 对象。

ExecuteNonQuery()方法：执行增、删、改操作，返回受影响的行数。

- 使用 Command 对象的 ExecuteScalar()方法查询单个值，其步骤如下。

创建 Connection 对象。

创建 SQL 查询语句。

使用 SQL 语句和 Connection 对象创建 Command 对象。

打开数据库连接，运用 Connection 对象的 Open()方法。

调用 Command 对象的 ExecuteScalar()方法，返回单个值。

操作完成后关闭数据库的连接，运用 Connection 对象的 Close()方法。

- 使用 Command 对象的 ExecuteReader()方法查询若干条记录，其步骤如下。

创建 Connection 对象。

创建 SQL 查询语句。

使用 SQL 语句和 Connection 对象创建 Command 对象。

打开数据库连接，运用 Connection 对象的 Open()方法。

调用 Command 对象的 ExecuteReader()方法，返回一个 DataReader 对象。

在循环中调用 DataReader 对象的 Read()方法，逐条读取记录。若读到记录则返回 True，否则返回 False。

使用（type）DataReader 对象[列名或索引号]方法读取此行中某一列的值。

调用 DataReader 对象的 Close()方法，关闭 DataReader 对象。

操作完成后关闭数据库的连接，运用 Connection 对象的 Close()方法。

- 使用 Command 对象的 ExecuteNonQuery()方法对数据库进行数据更新（增、删、改）操作，步骤如下。

创建 Connection 对象。

创建 SQL 查询语句。

使用 SQL 语句和 Connection 对象创建 Command 对象。

打开数据库连接，运用 Connection 对象的 Open()方法。

调用 Command 对象的 ExecuteNonQuery()方法，返回数据库中受影响的行数。

操作完成后关闭数据库的连接，运用 Connection 对象的 Close()方法。

# 项目 5 应用程序数据展示

通过前面两个项目的学习，初步了解和掌握了如何通过.NET 数据提供程序对数据库进行访问和操作，包括连接数据库的 Connection 对象，对数据库执行命令的 Command 对象和读取数据的 DataReader 对象。通过这些对象，既能够在窗体控件中显示数据，又能够在窗体中修改和编辑数据。

在项目 5 中将进一步学习 ADO.NET 中的另一个重要部分：数据集（DataSet）对象和数据适配器（DataAdapter）对象。另外，还会介绍一个与之关系密切的数据显示控件：数据网格视图（DataGridView）控件。DataGridView 控件可以绑定数据库中的数据，并提供视图显示在窗体上。

## 工作任务

- 完成 ExamSystem 项目中使用 DataSet 绑定年级列表数据的功能。
- 完成 ExamSystem 项目中使用 DataGridView 控件显示学生信息的功能。
- 完成 ExamSystem 项目中使用 DataGridView 控件更新学生信息的功能。

## 技能目标

- 会使用 DataSet 对象查询数据。
- 会使用 DataAdapter 对象绑定 DataSet 与数据库。
- 会使用 DataGridView 类来进行数据的显示。

## 预习作业

- DataSet 在 ADO.NET 中所处的地位和作用是什么？
- DataAdapter 对象的作用是什么，如何使用？
- ComboBox 绑定数据源时需要设定哪些属性？
- DataGridView 控件如何绑定数据源？使用哪个属性进行数据绑定？

# 任务 5.1 “学生信息”窗体年级数据绑定

## 任务描述

利用 DataSet 对象从数据库中读取年级记录数据，并将读取到的年级记录显示在学生信息界面中“年级”下拉列表中。

## 任务分析

前面通过 ExamManager 类对 DBHelper 类中的方法调用来完成了任务，当时是利用 SqlCommand 对象的 ExecuteReader()方法实现的，现在要通过利用 DataSet 对象来实现对数据的读取及绑定。

### 5.1.1 任务实现代码及说明

实现步骤如下。

（1）打开之前完成的项目，或者自行建立一个新的项目。

（2）使用管理员用户名和密码登录系统后打开管理员主窗体，界面如图 5-1 所示（注意，添加一个 MenuScript 控件，一个 ToolScript 控件）。

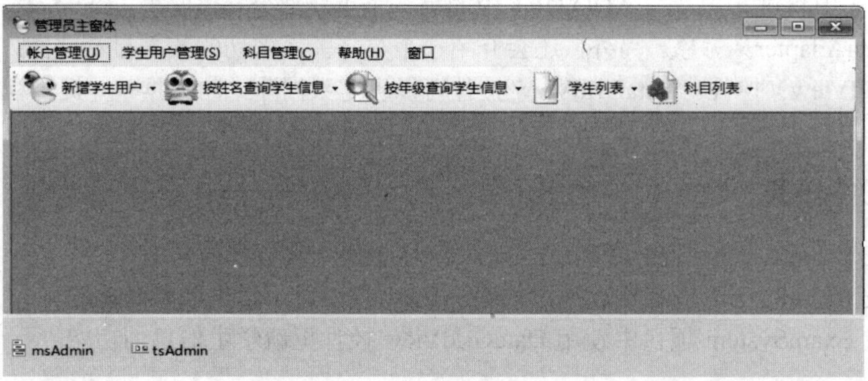


图 5-1 管理员主窗体

（3）在“新增学生用户”按钮中添加代码，进入“学生信息”界面，界面设计如图 5-2 所示。

“新增学生”单击事件参考代码如下。

```
private void tsmiNewStudent_Click(object sender, EventArgs e)
{
    NewStudentFrm newStudent = new NewStudentFrm();
    newStudent.MdiParent = this;
    newStudent.Show();
}
```

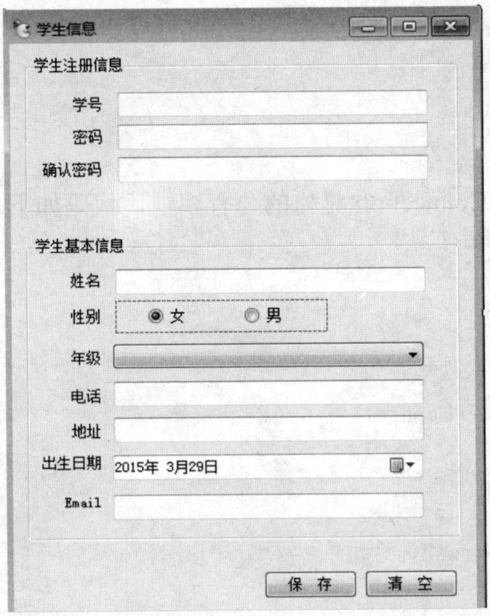


图 5-2　“学生信息”界面

（4）右击 ExamSystem 项目，在弹出的快捷菜单中添加类并命名类为 DBHelper，在 DBHelper 类中增加公有方法 GetStudentGrade()，用于得到学生年级，增加 DBHelper 类的方法如图 5-3 所示。

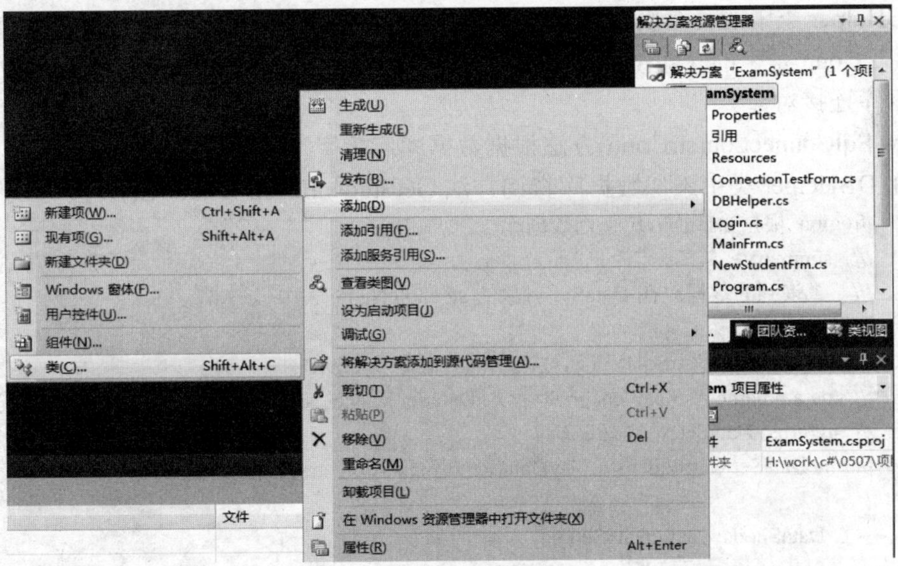


图 5-3　新建 DBHelper 类

（5）全面改造 DBHelper 类，增加命名空间引用，代码如下。

```
using System.Data.SqlClient;
using System.Data;
```

（4）为 DBHelper 类添加私有字段，代码如下。

```
        //连接字符串
```

```
        private const string strConn = "Data Source=STAR-PC\\SQLEXPRESSS;Initial Catalog=ExamSystemDB;
User ID=sa;Pwd=123456";

        //数据库连接对象
        private SqlConnection conn;
```

（7）增加 DBHelper 类 Connection 对象的公有属性，代码如下。

```
        #region  连接对象公有属性
        /// <summary>
        /// Connection 对象
        /// </summary>
        #endregion
        public SqlConnection Conn
        {
            get
            {
                if (conn == null)
                {
                    conn = new SqlConnection(strConn);
                }
                return conn;
            }
        }
```

从此段代码中可以得到如下结论。

① DBHelper 类中的公有属性 Conn 是只读的。

② 如果 Conn 是空的（即没有创建过），则会调用 new SqlConnection(strConn)方法创建一个新的数据库连接对象。

③ new SqlConnection(strConn)方法根据数据库连接字符串创建数据库的连接。

（8）在 DBHelper 类中添加数据库查询方法 GetStudentInfoByDataSet()，参考代码如下。

```
        #region  根据 strSql 语句查询数据库
        /// <summary>
        ///    查询到的数据放在 DataSet 对象的 strTableName 表中
        /// </summary>
        /// <param name="strSql">查询数据库中的命令</param>
        /// <param name="strTableName">存入 DataSet 对象的 strTableName 表中</param>
        /// <returns>DataSet 对象</returns>
        public DataSet GetStudentInfoByDataSet(string strSql, string strTableName)
        {
            DataSet ds = new DataSet();
            SqlDataAdapter sda = new SqlDataAdapter(strSql, Conn);
            sda.Fill(ds, strTableName);
            return ds;
        }
        #endregion
```

为了增加程序的通用性，这里特意添加了两个参数，第一个参数用于对数据库查询，第二个参数是将查询到的数据放入到 DataSet 对象中数据表的名称。

（9）新增 ExamManager 类，并添加 GetStudentInfoByDataSet()方法，对数据库类 DBHelper

类中的 GetStudentInfoByDataSet()方法进行调用，得到数据库中学生年级信息，参考代码如下。

```
public DataSet GetStudentInfoByDataSet(string strSql, string strTableName)
{
    return myDB.GetStudentInfoByDataSet(strSql,strTableName);
}
```

方法中两个参数的含义与 DBHelper 类中的方法含义相同。

（10）在“学生信息”界面的 FormLoad()事件中添加如下代码。

```
private void NewStudentFrm_Load(object sender, EventArgs e)
{
    ExamManager myExam = new ExamManager();
    string strSql = "SELECT * FROM Grade";
    string strTableName = "Grade";

    try
    {
        DataSet ds = myExam.GetStudentInfoByDataSet(strSql, strTableName);

        // 向年级表的第 1 行中添加数据“全部”
        DataRow row = ds.Tables[strTableName].NewRow();
        row[0] = -1;
        row[1] = "全部";
        ds.Tables[strTableName].Rows.InsertAt(row, 0);

        // 绑定年级数据
        this.cboGrade.DataSource = ds.Tables["Grade"];
        this.cboGrade.ValueMember = "gradeNo";
        this.cboGrade.DisplayMember = "gradeName";
    }
    catch (Exception)
    {
        MessageBox.Show("数据库加载年级失败！");
    }
}
```

程序运行结果如图 5-4 所示。

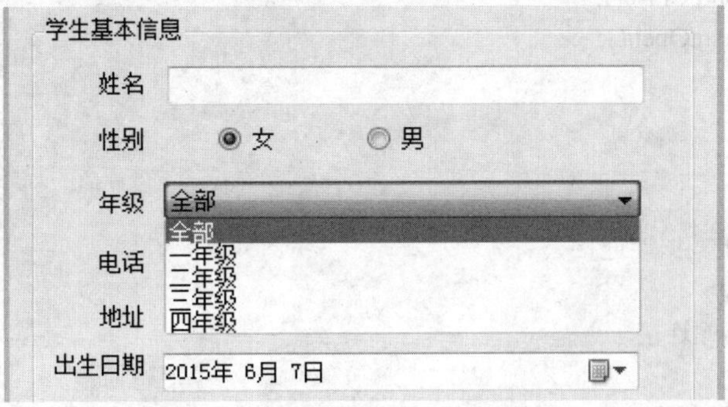


图 5-4　加载出数据库中的年级记录

【小贴士】

（1）使用 DataSet 对象时需要添加的命名空间语句是“**using System.Data;**”，这个命名空间在类中默认不添加，所以需要自己手动添加。

（2）GetStudentInfoByDataSet()方法是为了增加通用性才增加了两个变量，如果只是为了查询年级记录信息，则可以采用无参数方法 GetStudentGradeByDataSet()，参考代码如下。

```
#region 无参数查询学生年级信息
/// <summary>
///   只查询学生年级信息
/// </summary>
/// <returns>DataSet 对象</returns>
public DataSet GetStudentGradeByDataSet()
{
    DataSet ds = new DataSet();
    string strSql = "SELECT * FROM Grade";
    SqlDataAdapter sda = new SqlDataAdapter(strSql, Conn);
    sda.Fill(ds, "Grade");
    return ds;
}
#endregion
```

（3）为了使 DBHelper 类更加健壮，可以添加打开数据库连接和关闭数据库连接的两个公有方法，参考代码如下。

```
#region 打开数据库连接公有方法
/// <summary>
/// 打开数据库连接
/// </summary>
public void OpenConnection()
{
    if (Conn.State == ConnectionState.Closed)
    {
        Conn.Open();
    }
    else if (Conn.State == ConnectionState.Broken)
    {
        Conn.Close();
        Conn.Open();
    }
}
#endregion

#region 关闭数据库连接公有方法
/// <summary>
/// 关闭数据库连接
/// </summary>
public void CloseConnection()
{
    if (Conn.State == ConnectionState.Open || Conn.State == ConnectionState.Broken)
```

```
        {
            Conn.Close();
        }
    }
    #endregion
```

这两个方法可以尽量保证在打开或者关闭数据库连接时即便忘记数据库处于何种状态（打开或关闭等）也不会出错。

## 5.1.2 DataSet 对象

在前面的项目中我们知道，ADO.NET 的 DataReader 对象可以从数据源中提取记录，但是 DataReader 对象每次只能读取一条记录。如果想查看 100 条数据，则要从数据库中读取 100 次，在这个过程中要一直保持和数据库的连接，且为只读只进的读取方式。这样会给程序再次获得读取过的数据带来麻烦。ADO.NET 提供了数据集对象来解决这个问题，如图 5-5 所示。

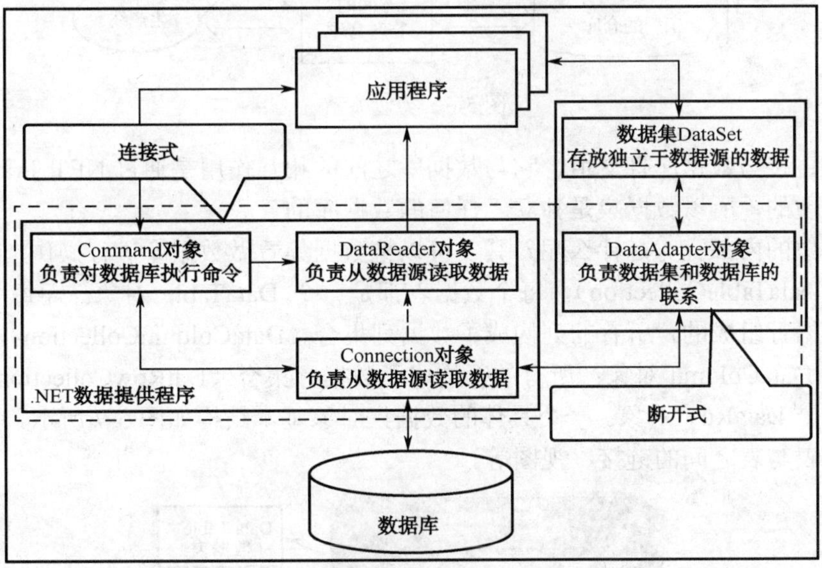


图 5-5 ADO.NET 访问数据库模型

之前学过的数据库的操作走的是左边和中间的路线，但从图中可以明显看出，其实应用程序要访问数据库，还可以通过右边的数据集对象来实现。利用数据集，可以在断开与数据库连接的情况下操作数据，可以操作来自多个相同或者不同数据源的数据。

数据集的作用是什么呢？以工厂仓库和车间仓库为例，假设工厂中有一个仓库，用于存放生产用的原材料和加工好的产品。同时，工厂中有很多生产车间。假设每个车间每天要生产 1000 件产品，如果每加工一件产品就从工厂仓库中提取一次原材料，并且每次加工好产品又将其放回到仓库中。这样，仓库的管理员必定时时刻刻忙于在各个车间及仓库间搬运原材料和产品，一刻都不能休息，工作量巨大，出现差错的可能性也非常大。但是如果在每个车间旁边建立一个临时仓库，每天早上先把生产用的原材料运输到临时仓库中，同时车间加工好的产品也暂时放在临时仓库，到下班的时候再把临时仓库中的产品一次性地运送回仓库。这样做既省时又省力。

数据集相当于一个临时仓库。它把应用程序需要的数据临时保存在内存中，由于这些数据缓存在本地机器上，因此不需要一直保持和数据库的连接。当应用程序需要数据时，可以直接从内存中的数据集读取数据，也可以先对数据集中的数据进行修改，再将修改后的数据一起提交给数据库进行修改。

数据集与数据库之间的关系类似于工厂仓库与车间临时仓库之间的关系，如图 5-6 所示。

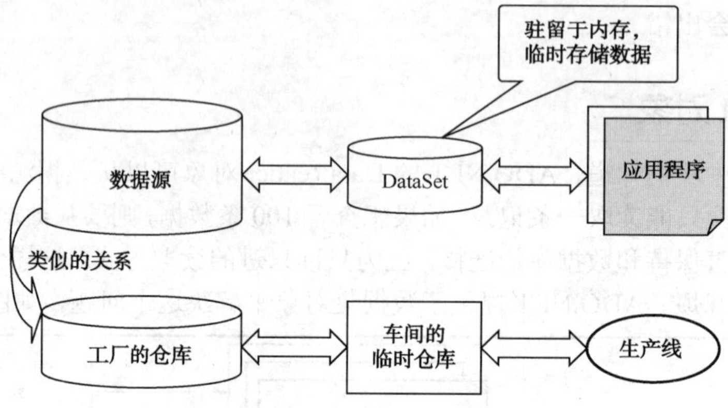


图 5-6　类似关系

数据集不直接与数据库打交道，它与数据库之间的相互作用是通过.NET Framework 数据提供程序来实现的，所以数据集是独立于任何的数据库的。

那么数据集的内部究竟是什么呢？其实可以把数据集看做数据库进行操作，其内部有很多数据表集合（DataTableCollection），每个数据表都是一个 DataTable 对象。而每个数据表又是由数据列和数据行组成的，所有的列构成了数据列集合（DataColumnCollection），其中每个数据列都是一个 DataColumn 对象；所有的行构成了数据行集合（DatRowCollection），其中每个数据行都是一个 DataRow 对象。一个具体的数据集对象基本结构如图 5-7 所示。另外，在数据集中可以定义表与表之间的链接、视图等。

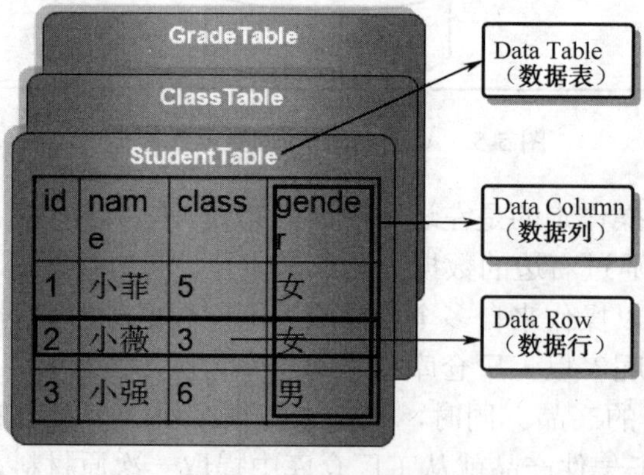


图 5-7　DataSet 实例

数据集的工作原理如图 5-8 所示。当应用程序需要数据时，先向数据库服务器发送请求，要求获取数据。服务器得到客户的请求后将数据发送到数据集，数据集中的数据再传递给客户端。客户端应用程序修改完数据集中的数据后，将修改过的数据集发送到服务器，服务器接收数据集修改过的数据并将其保存在数据库中。

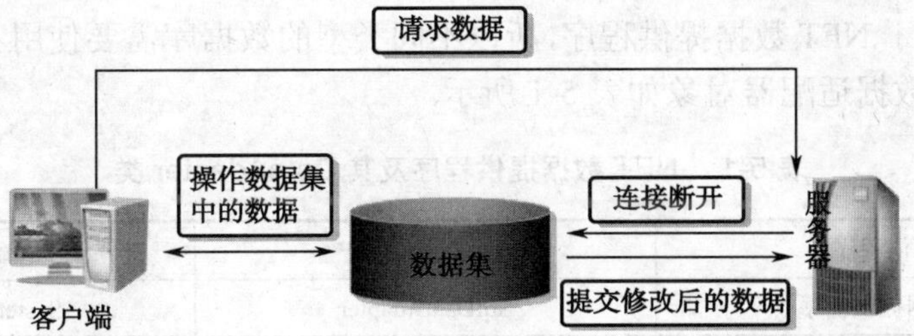


图 5-8 数据集工作原理

## 5.1.3 创建和使用 DataSet 对象

DataSet 对象位于 System.Data 命名空间中，创建 DataSet 对象的语法如下。

```
DataSet 数据集对象 = new DataSet ("数据集名称字符串");
```

语法中的参数是数据集的名称字符串，可以写，也可以省略。如果不写，则创建的数据集名称默认为 NewDataSet。例如，创建 DataSet 对象时写成下面两种形式都是可以的，较为常见的情况是省略数据集的名称字符串。

```
DataSet ds = new DataSet();
DataSet ds = new DataSet("MyData");
```

我们知道 DataSet 对象相当于内存中的数据库，对其的操作类似于对真实存在于硬盘中的数据库的操作，假设要对存放在 DataSet 对象中的数据表“Grade”进行访问和操作，则只需指明数据集中的数据表“Grade”。假设数据集是 ds，数据表为 Grade，那么访问数据集中数据表的语句如下。

```
ds.Tables["Grade"]
```

数据表名称放在中括号中的双引号中。

## 5.1.4 DataAdapter 对象

如果把数据库与数据集看做工厂仓库与临时仓库的关系，那么数据适配器（DataAdapter 对象）就是在仓库之间负责运送货物的货车。毕竟只有仓库与临时仓库是不够的，货物无法自动转移，必须要有一辆运送货物的货车才行，DataAdapter 对象就起到了这个作用，它负责传递数据库与数据集之间的数据，其作用如图 5-9 所示。

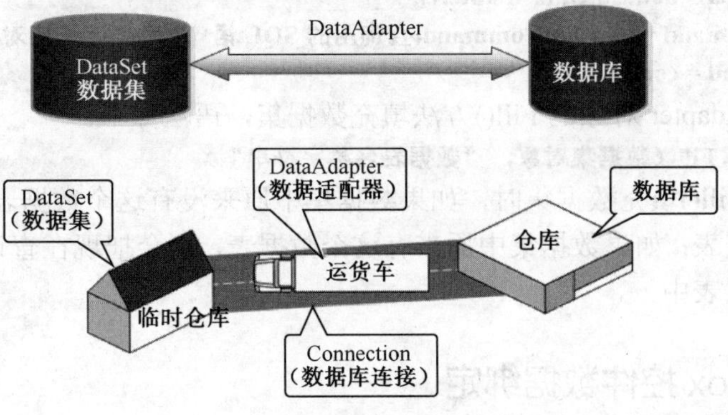


图 5-9 DataAdapter 对象作用示意图

DataAdapter 属于.NET 数据提供程序，所以不同类型的数据库需要使用不同的数据适配器，相应命名空间下的数据适配器对象如表 5-1 所示。

表 5-1 .NET 数据提供程序及其 DataAdapter 类

| .NET 数据提供程序 | 数据适配器类 | 命 名 空 间 |
|---|---|---|
| SQL Server 数据提供程序 | SqlDataAdapter | System.Data.SqlClient |
| Oracle 数据提供程序 | OracleDataAdapter | System.Data.OracleClient |
| OLE DB 数据提供程序 | OleDbDataAdapter | System.Data.OleDb |
| ODBC 数据提供程序 | OdbcDataAdapter | System.Data.Odbc |

数据适配器通过 Command 命令从数据库中读取数据，可以在创建 DataAdapter 对象时或者通过设置 DataAdapter 对象的 SelectCommand 属性来实现。读取到的数据通过使用 DataAdapter 对象的 Fill()方法来实现。如果要把 DataSet 中修改过的数据保存到数据库中，则需要使用 DataAdapter 对象的 Update()方法。DataAdapter 对象的主要属性和方法如表 5-2 所示。

表 5-2 DataAdapter 对象的主要属性和方法

| 属 性 | 说 明 |
|---|---|
| SelectCommand | 设置从数据库检索数据的 Command 对象 |
| 方 法 | 说 明 |
| Fill() | 填充数据到 DataSet 中的数据表 |
| Update() | 将 DataSet 中的数据提交到数据库中 |

### 5.1.5 创建和使用 DataAdapter 对象

使用 DataAdapter 对象填充数据集需要以下 4 个步骤。

（1）创建数据库连接对象。

（2）创建数据库中的 SQL 数据查询命令语句。

（3）利用创建的 SQL 语句和 Connection 对象创建 DataAdapter 对象，语法如下。

```
SqlDataAdapter 对象名 = new SqlDataAdapter(查询用的 SQL 语句, 数据库连接对象);
```

或者

```
SqlDataAdapter sda = new SqlDataAdapter();
SqlCommand command = new SqlCommand(查询用的 SQL 语句, 数据库连接对象);
sda.SelectCommand = command;
```

（4）调用 DataAdapter 对象的 Fill()方法填充数据集，语法如下。

```
DataAdapter 对象. Fill（数据集对象，“数据表名称字符串”）
```

**注意**：在使用 Fill()填充数据集时，如果数据集中原来没有这个数据表，则调用 Fill()方法会创建一个新的数据表；如果数据集中原来有这个数据表，则会把现在查询出来的数据继续添加到原来存在的数据表中。

### 5.1.6 ComboBox 控件数据绑定

在项目 4 中，虽然也从数据库中读取到了年级记录，却是通过 ComboBox 控件的 Items.Add()

方法来添加的数据项。现在讲解如何将 DataSet 对象中的数据表中的数据绑定到 ComboBox 控件上。

ComboBox 控件的主要属性如表 5-3 所示。

表 5-3　ComboBox 控件的主要属性

| 属　性 | 说　明 |
| --- | --- |
| DataSource | 获取或设置数据源 |
| DisplayMember | 获取或设置 ListControl 在项中的显示内容的属性 |
| ValueMember | 获取或设置 ListControl 在项中的实际值的属性 |

其实不仅在 ComboBox 控件上有 ValueMember 属性和 DisplayMember 属性，在 ListBox 等等控件上也有类似的两个属性。这两个属性的含义如下：DisplayMember 属性用于显示输出给用户（类似于控件的 Text 属性）；ValueMember 属性对于用户是不可见的，但是对程序是可见的（类似于控件的 Name 属性）。

通常，DisplayMember 和 ValueMember 属性是配对使用的。DisplayMember 属性用来绑定显示的数据，如任务中的年级名称；而 ValueMember 属性则用来绑定处理程序的标识，如任务中的年级编号。在访问数据库的应用程序中，一般将表的主键定义为 ValueMember 属性的值，利用主键可以在数据表中迅速且准确地查找到相关的记录。

本任务中实现 ComboBox 控件数据绑定的命令如下。

```
this.cboGrade.DataSource = ds.Tables["Grade"];
this.cboGrade.ValueMember = "gradeNo";
this.cboGrade.DisplayMember = "gradeName";
```

通过设置 DataSource 属性指定 cboGrade 控件的数据源是数据集中名为“Grade”的数据表，将年级表中的主键 gradeNo 作为 ValueMember 属性的值，gradeName 作为 DisplayMember 属性的值。

在进行完上述的设定之后，在 ComboBox 控件中添加了 Grade 表中所有年级的记录，但如果需要在最前面增加“全部”一项，则必须自己输入数据进行添加。参考代码如下。

```
// 向年级表的第 1 行添加数据“全部”
 DataRow row = ds.Tables[strTableName].NewRow();
 row[0] = -1;
 row[1] = "全部";
ds.Tables[strTableName].Rows.InsertAt(row, 0);
```

**【小贴士】**

访问 DataRow 中各列时，既可以使用字段名称，又可以使用索引下标。例如：

```
row[0] = -1;
```

或者

```
row[gradeNo]=-1
```

通常情况下，建议开发人员使用字段名称指定列，这样可以提高代码的可读性。

### 5.1.7　常见错误与问题

（1）绑定数据时写错数据表中数据列的名称。

在访问正常数据库时一定也是通过指定数据库名、表名、字段名来进行数据访问的，因此对 DataSet 对象中的数据列数据进行绑定时必须给出正确的名称，否则无法从中找到想要的数据。例如，将上述绑定代码改写后会无法正确显示年级信息，代码改写如下。

```
this.cboGrade.DataSource = ds.Tables["Grade"];
this.cboGrade.ValueMember = "gradeID";
this.cboGrade.DisplayMember = "Name";
```

（2）使用 DataSet 对象对数据库操作时采用了断开式访问，但并不是说不需要数据库连接对象，只是在对数据库数据进行读取或写入时进行数据库的连接，操作完成后自动关闭数据库连接，只是不需要程序员显式使用数据连接打开关闭命令而已。因此，数据库的连接对象、Command 对象等也必须按照要求正确书写，否则一样会出现无法访问数据库的异常。

### 5.1.8 上机实训

**【上机练习】**

绑定“学生信息”窗体中学生姓名组合框。

需求说明：

（1）创建 ExamSystem 项目。

（2）创建“学生信息”窗体。

（3）在“学生信息”窗体中添加“学生姓名”组合框。

（4）“学生姓名”组合框中绑定数据库 Student 表中的数据。

（5）选中某个学生姓名，并单击“查看”按钮，即可查看该学生的信息。

实现思路及关键代码：

（1）对组合框的 DisplayMember 和 ValueMember 属性进行设置。

（2）学生性别的转化显示（使用 if 语句进行判断）。

（3）界面如图 5-10 所示。

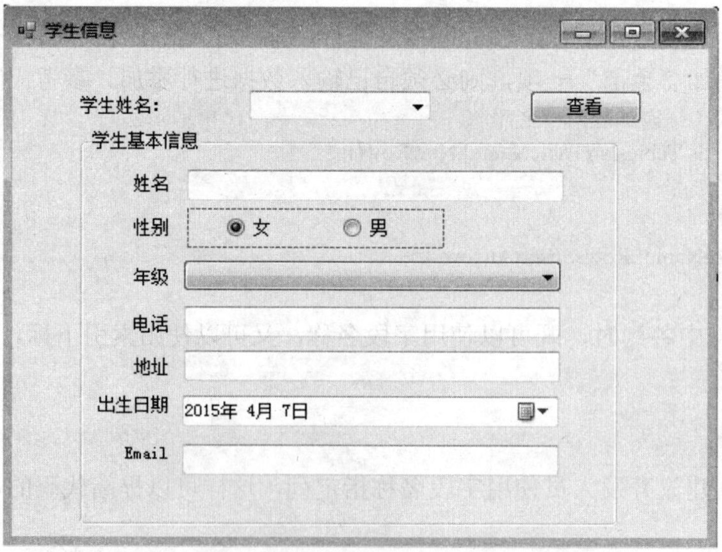


图 5-10 “学生信息”窗体

# 任务 5.2　使用 DataGridView 控件显示学生信息

## 任务描述

在 ExamSystem 项目中单击“学生列表”按钮，打开学生信息窗体，在选择学生所在年级后，单击“查询”按钮，将所选年级的学生显示在 DataGridView 控件中。

## 任务分析

先利用前面的任务 5.1 来完成年级组合框数据的显示，再进行数据查询，即利用 DataSet 对象进行数据的查询，最后将查询到符合要求的数据显示在 DataGridView 控件中。

### 5.2.1　任务实现代码及说明

实现步骤如下。

（1）打开之前完成的 ExamSystem 项目，或者自行建立一个新的项目。

（2）使用管理员用户名和密码登录系统，打开管理员主窗体，界面如图 5-1 所示。

（3）创建“查询显示学生信息”窗体，界面如图 5-11 所示。

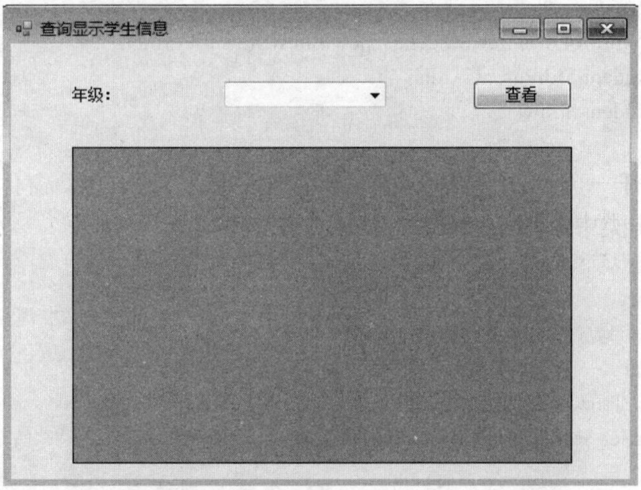


图 5-11　“查询显示学生信息”窗体

（4）设置 DataGridView 控件的属性和各列的属性，本任务只选取了学号、姓名、性别、住址 4 个字段。在 DataGridView 控件的 Columns 编辑器中设置各列的属性，如图 5-12 所示。

**注意：**每一列的 DataPropertyName 属性都必须设为 Student 表中相对应的字段名，如学号对应 StudentID，姓名对应 StudentName。

DataGridView 控件默认每列的类型为 DataGridViewTextBoxColumn，通过设置列的 ColumnType 属性可以修改列的类型。例如，可以把性别列设置为下拉列表类型，即将 ColumnType 属性设置为 DataGridViewComboBoxColumn，并添加 Items 为“男”，“女”，“不详”共 3 个可选项。

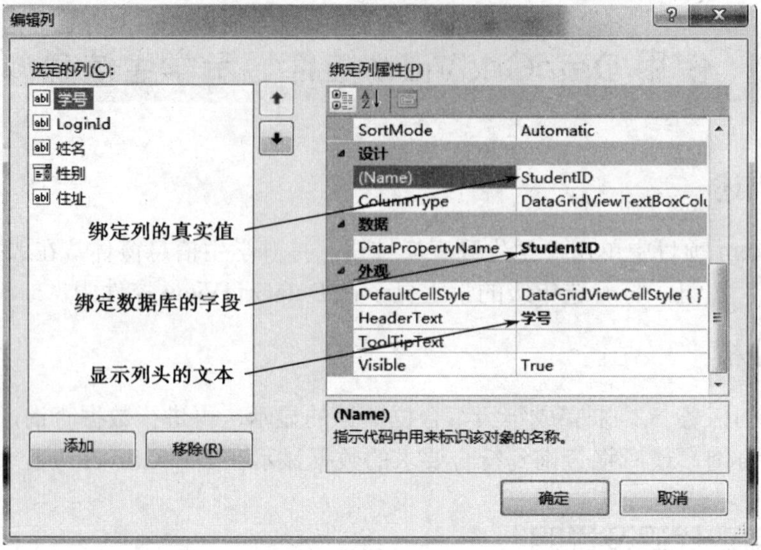


图 5-12　编辑列

（5）在“按年级查询”按钮单击事件中添加打开“查询显示学生信息”窗体，参考代码如下：

```
private void 按年级查询GToolStripMenuItem_Click(object sender, EventArgs e)
        {
            ShowStuInfoForm newStudent = new ShowStuInfoForm();
            newStudent.MdiParent = this;
            newStudent.Show();
        }
```

此部分代码将打开一个 MDI 子窗体，并指定当前窗体为 MDI 父窗体。

（6）在 DBHelper 类中添加 SearchStudent()方法，参考代码如下。

```
#region 查找学生
/// <summary>
/// 按照用户选择的年级查询学生信息
/// </summary>
/// <returns>True 为查找成功；False 为查找失败</returns>
public DataSet SearchStudent(int intGradeNo)
{
    // 查询年级的 SQL 语句
    StringBuilder sql = new StringBuilder("SELECT [StudentID],[StudentName],");
    sql.Append("case when sex ='1' then '男'when sex ='0' then '女' else   '不详' end as sex,");
    sql.Append("[Address] FROM [Student]");

    if (intGradeNo != -1)
    {
        sql.AppendFormat(" WHERE [gradeNo]={0}", intGradeNo);
    }
    sql.Append(" ORDER BY [StudentID]");

    SqlDataAdapter adapterStudent = new SqlDataAdapter();
```

```
            SqlCommand command = new SqlCommand(sql.ToString(), Conn);
            adapterStudent.SelectCommand = command;

            DataSet ds = new DataSet();
            adapterStudent.Fill(ds, "Student");
            return ds;
        }
        #endregion
```

因为要根据年级来进行学生信息的查找，所以定义了一个 intGradeNo 整型变量参数，用来传递要查询的年级。

性别在数据库表中是以布尔值进行表示的，如果要在 DataGridView 控件中显示“男”、“女”、“不详”，则可以采用修改 SQL 查询语句的命令来实现，因此程序中出现了下面这条语句。

```
sql.Append("case when sex ='1' then '男'when sex ='0' then '女' else   '不详' end as sex,");
```

字符串的构建（StringBuilder）比较简单，本书不做详细介绍，有兴趣的同学可以查找资料自行学习。

（7）在 ExamManager 类中添加 SearchStudent()方法，参考代码如下。

```
        public DataSet SearchStudent(int intGradeNo)
        {
            return myDB.SearchStudent(intGradeNo);
        }
```

（8）在“查询显示学生信息”窗体的 FormLoad 事件中添加代码绑定年级下拉列表中的数据，参考代码见任务 5.1。

（9）“查询显示学生信息”窗体中“查看”按钮单击事件参考代码如下。

```
        private void btnShow_Click(object sender, EventArgs e)
        {
            ExamManager myExam = new ExamManager();
            DataSet ds = myExam.SearchStudent(Convert.ToInt32(cboGrade.SelectedValue));

            //绑定数据源
            this.dgvStuName.DataSource = ds.Tables["Student"];
        }
```

cboGrade.SelectedValue 的数据类型为 object，因此在传递参数的时候要将其转换为整数类型。

（10）启动程序，单击“查看”按钮，显示结果如图 5-13 所示。

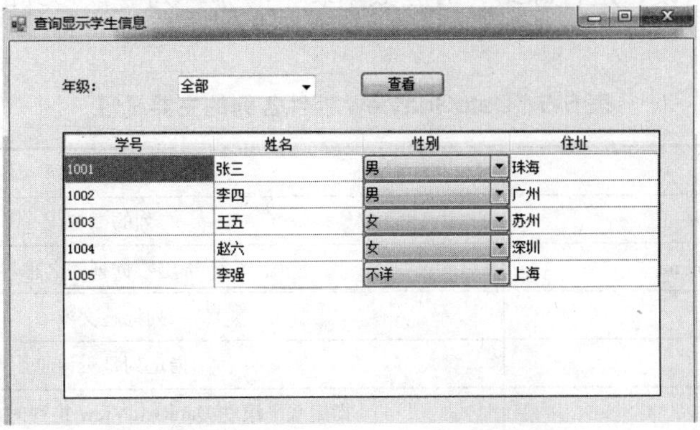


图 5-13　查看全部学生信息

（11）选择“一年级”选项，单击“查看”按钮，显示结果如图 5-14 所示。

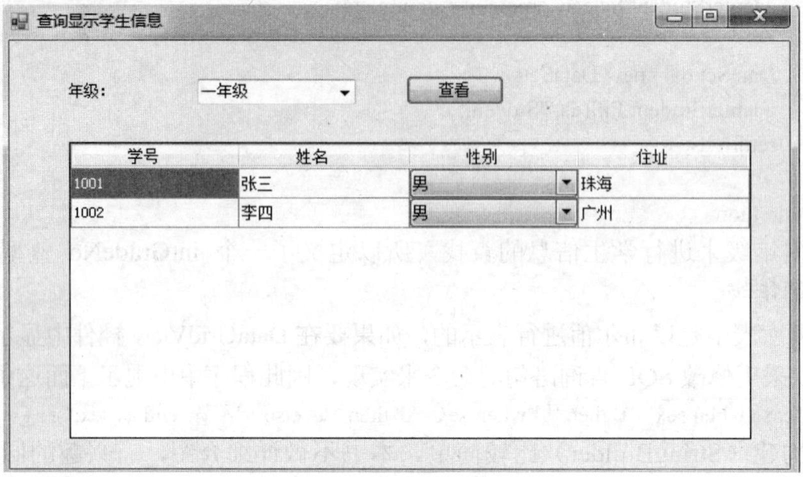


图 5-14　查看“一年级”学生信息

## 5.2.2　DataGridView 控件

数据网格视图控件（DataGridView）是 Windows 控件中一个很重要、很强大的控件。想要使用 DataGridView 控件来显示某个表的数据，只需要设置它的 DataSource 属性即可。也就是说，只需要一行代码即可。

DataGridView 控件的主要属性如表 5-4 所示。

**表 5-4　DataGridView 控件的主要属性**

| 属　　性 | 说　　明 |
|---|---|
| AutoGenerateColumns | 设置 DataGridView 是否自动创建列 |
| Columns | 包含的列的集合 |
| DataSource | DataGridView 的数据源 |
| ReadOnly | 是否可以编辑单元格 |

通过 Columns 属性，还可以设置 DataGridView 控件中每一列的属性，包括列的宽度、样式、列头文字、是否只读、是否冻结、对应数据表中的哪一列等，各列的主要属性如表 5-5 所示。

**表 5-5　DataGridView 控件各列的主要属性**

| 属　　性 | 说　　明 |
|---|---|
| ColumnType | 列的类型 |
| DataPropertyName | 绑定数据列的名称 |
| HeaderText | 列标题文本 |
| Visible | 指定列是否可见 |
| Frozen | 指定水平滚动 DataGridView 控件时，列是否移动 |
| ReadOnly | 指定单元格是否为只读 |

## 5.2.3 常见错误与问题

DataGridView 控件会按照绑定的数据源自动生成列。

例如，在任务 5.2 中，将 SQL 查询字符串修改为如下代码，再次运行程序，程序运行结果如图 5-15 所示。

```
StringBuilder sql = new StringBuilder("SELECT * FROM [Student]");
```

这时发现，DataGridView 控件会自动生成多余的列，列头为数据表的字段名。那么如何避免这种现象呢？只需把 DataGridView 控件的 AutoGenerateColumns 设置为 False 即可。在 DataGridView 控件数据绑定前添加如下语句。

```
dgvStuName.AutoGenerateColumns = false;
```

当然，由于任务 5.2 中性别字段是布尔类型的，因此只是单纯这样修改依然会有错误提示。如想避免错误应要按照之前的程序进行编写。

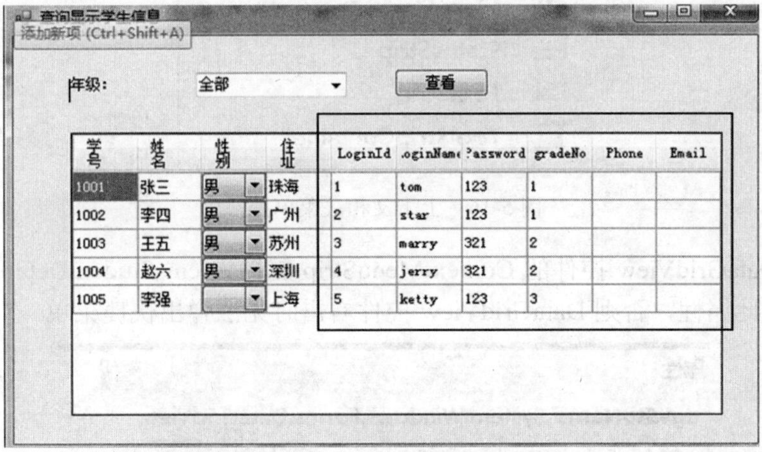


图 5-15 DataGridView 控件自动生成列

## 5.2.4 上机实训

**【上机练习 1】**

按年级查询科目信息。

需求说明：

（1）创建“按年级查询科目信息”窗体。

（2）默认显示所有年级科目信息。

（3）选择年级后，显示该年级的科目信息。

输出效果图参考任务 5.2。

实现思路及关键代码：

（1）通过 DataGridView 控件的 Columns 属性设置表中对应的字段。

（2）通过 DataSource 属性绑定数据库中的 subject 表。

（3）程序参考代码略。

【上机练习 2】

显示学生详细信息。

需求说明：

（1）在“查询学生信息”窗体中选择一个学生。

（2）通过右键快捷菜单打开“详细信息”窗体。

（3）在窗体中显示该学生的详细信息。

实现思路及关键代码：

（1）添加上下文相关菜单控件并修改其 Name 属性为 cmsStudentDetails，该控件在菜单和工具栏中，如图 5-16 所示。

图 5-16　上下文相关菜单控件

（2）设置 DataGridView 控件的 ContextMenuStrip 属性为 cmsStudentDetails，如图 5-17 所示。一定要设置此属性，否则 DataGridView 控件右击时无法弹出快捷菜单。

图 5-17　设置 DataGridView 控件的 ContextMenuStrip 属性

（3）创建“详细信息”窗体，并使用代码增加一个 studentID 公有字段，用来传递学生的学号，参考代码如下。

```
public int studentID;//学号
```

（4）在上下文相关菜单中添加“详细信息”选项，双击打开“详细信息”窗体事件代码，参考代码如下。

```
private void 详细信息ToolStripMenuItem_Click(object sender, EventArgs e)
```

```
    {
        StudentDetailsForm myForm=new StudentDetailsForm();
        myForm.studentID = Convert.ToInt32(dgvStuName.SelectedCells[0].Value);
        myForm.Show();
    }
```

（5）修改 DataGridView 控件的 SelectionMode 属性为 FullRowSelect，表示行选中。程序运行结果如图 5-18 所示。

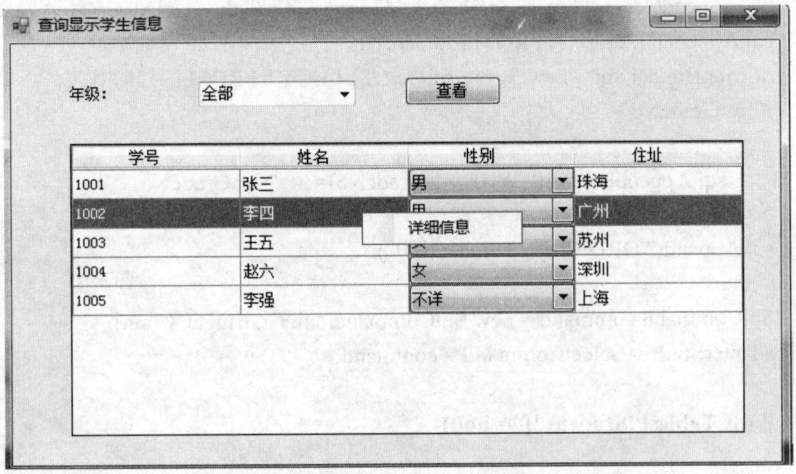


图 5-18　“查询显示学生信息”窗体

（6）将学生学号传递到“详细信息”窗体中，并打开“详细信息”窗体。

（7）检索并显示该学生的所有字段信息（显示界面自行设计，代码略）。

# 任务 5.3　保存修改数据

## 任务描述

在 ExamSystem 项目中已经实现了使用 DataGridView 控件显示数据，这里要将 DataGridView 控件中修改过的数据保存到数据库中。

## 任务分析

DataGridView 控件是可编辑的，编辑后的数据可通过 DataAdapter 对象的 Update()方法实现数据的更新。

## 5.3.1　任务实现代码及说明

实现步骤如下。

（1）在任务 5.2 的基础上，增加“保存”按钮。

（2）修改 DBHelper 类，将原来放在方法中的 DataSet 对象及 SqlDataAdapter 对象放在方法外面并进行声明，参考代码如下。

```
SqlDataAdapter adapterStudent = new SqlDataAdapter();
DataSet ds = new DataSet();
```

（3）修改 DBHelper 类中的 SearchStudent()方法，参考代码如下。

```
public DataSet SearchStudent(int intGradeNo)
{
    // 查询年级的 SQL 语句
    StringBuilder sql = new StringBuilder("SELECT [LoginId],[StudentID],[StudentName],");
    sql.Append("case when sex ='1' then '男'when sex ='0' then '女' else   '不详' end as sex,");
    sql.Append("[Address] FROM [Student]");
    //StringBuilder sql = new StringBuilder("SELECT * FROM [Student]");
    if (intGradeNo != -1)
    {
        sql.AppendFormat(" WHERE [gradeNo]={0}", intGradeNo);
    }
    sql.Append(" ORDER BY [StudentID]");

    SqlCommand command = new SqlCommand(sql.ToString(), Conn);
    adapterStudent.SelectCommand = command;

    if (ds.Tables["Student"] != null)
    {
        ds.Tables["Student"].Clear();
    }
    adapterStudent.Fill(ds, "Student");

    return ds;
}
```

与之前代码不同之处做了加黑处理，其原因如下。

① SQL 查询语句增加了字段[LoginId]，这是因为更新修改 SqlDataAdapter 对象时要求必须有主键字段存在。

② if 语句的判断用于防止每次没有清空 DataSet 对象的数据而又进行了新增数据，保证每次放入 DataSet 对象的数据都是当前执行 SQL 语句查询到的数据。

（4）在 DBHelper 类中增加修改并保存数据的方法，参考代码如下。

```
public void UpdateStu()
{
    // 使用 SqlCommandBuilder 构建增、删、改的 Command 命令
    SqlCommandBuilder builder = new SqlCommandBuilder(adapterStudent);
    // 更新数据
    adapterStudent.Update(ds, "Student");
}
```

（5）在 ExamManager 类中添加方法 UpdateStu()，参考代码如下。

```
public void UpdateStu()
{
    myDBHelper.UpdateStu();
}
```

（6）在“查询显示学生信息”窗体中的“保存”按钮中添加双击事件，参考代码如下。

```
private void btnSave_Click(object sender, EventArgs e)
{
    // 确定是否修改
    DialogResult choice = MessageBox.Show("确定要修改吗？", CAPTION, MessageBoxButtons.YesNo,
MessageBoxIcon.Question);
    if (choice == DialogResult.Yes)
    {
        myExam.UpdateStu();
    }
}
```

（7）在方法外增加常量声明语句，参考代码如下。

```
public const string CAPTION = "操作提示";
```

（8）程序运行结果如图 5-19 所示。

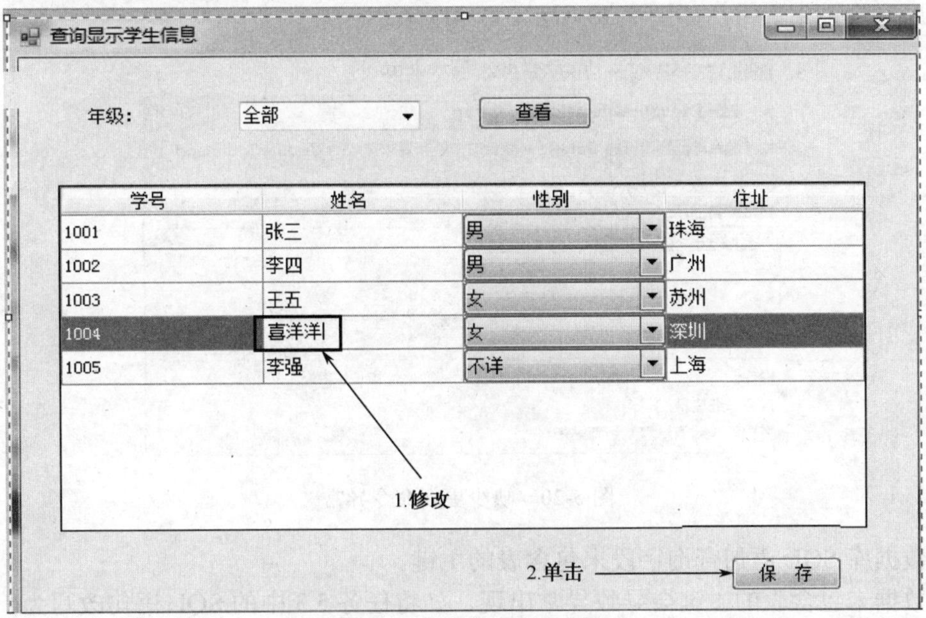


图 5-19　保存修改数据

## 5.3.2　保存数据集修改

.NET 提供了一个 SqlCommandBuilder 对象，使用它可以自动生成需要的 SQL 命令。把数据集中更新后的数据保存到数据库中，需要执行下面两个步骤。

（1）使用 SqlCommandBuilder 生成更新的相关命令，其语法如下。

```
SqlCommandBuilder builder = new SqlCommandBuilder(已创建的 DataAdapter 对象);
```

（2）调用 DataAdapter 对象的 Update()方法，其语法如下。

```
DataAdapter 对象. Update（数据集对象，“数据表名称字符串”）
```

Update()方法有两个参数：一个是需要更新数据的数据集，另一个是要更新的表的名称。例如，在任务 5.3 中更新数据的语句如下。

```
SqlCommandBuilder builder = new SqlCommandBuilder(adapterStudent);
adapterStudent.Update(ds, "Student");
```

### 5.3.3 常见错误与问题

（1）直接调用 Update()方法。

在调用 DataAdapter 对象的 Update()方法前，如果没有生成用于更新的命令，则会在运行时出现异常。

假如在 DBHelper 类的 UpdateStu()方法中只保留了 Update()方法的相关语句，参考代码如下。

```
public void UpdateStu()
{
    // 更新数据
    adapterStudent.Update(ds, "Student");
}
```

则运行程序时会产生异常，如图 5-20 所示。

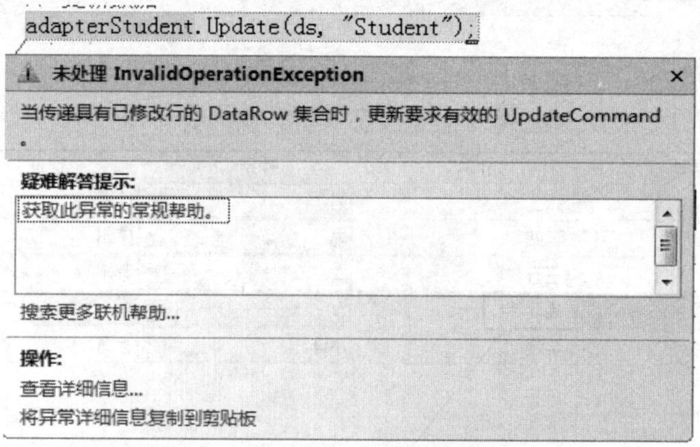


图 5-20　缺少更新命令异常

（2）数据库 SQL 语句查询字段未包含表的主键。

检索数据未包含表的主键会导致异常出现，如将任务 5.3 中的 SQL 语句改写为

```
StringBuilder sql = new StringBuilder("SELECT [StudentID],[StudentName],");
```

因为忘记写[LoginId]字段，故运行程序会产生异常，如图 5-21 所示。

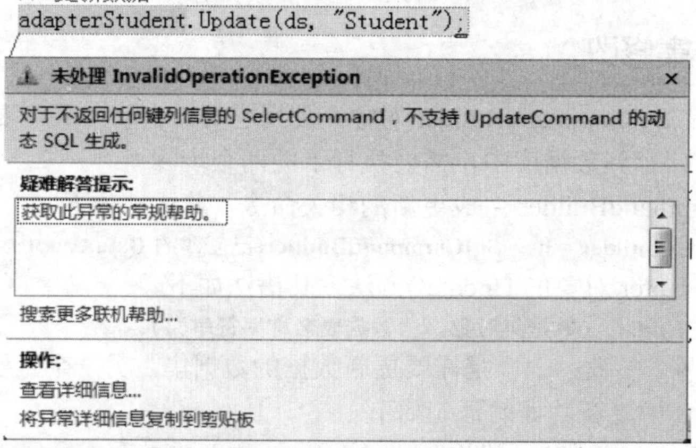


图 5-21　检索数据未包含表的主键

### 5.3.4 上机实训

**【上机练习】**

保存修改后的学生信息。

需求说明：

（1）创建“按年级查询学生信息”窗体。

（2）实现按年级查询学生信息功能。

（3）单击“保存”按钮时，弹出确认操作的消息框。

（4）确定设置后，将修改后的数据更新到数据库中。

实现思路及关键代码：

（1）在调用 DataAdapter 对象的 Update()方法前，要先创建 SqlCommandBuilder 对象。

（2）正确设置 DataGridView 控件的 Columns 属性。

（3）如果要用 DataSet 对象更新数据，则数据表中一定要包含主键字段。

## 归纳与总结

- DataSet 可以在断开数据库连接的情况下操作数据，对数据进行批量操作，它的结构与 SQL Server 数据库类似。
- 使用 DataAdapter 对象的 Fill()方法填充 DataSet，使用 Update()方法更新 DataSet 中修改过的数据并返回给数据库。
- 使用 ComboBox 控件绑定数据并显示。
- 使用 DataGridView 控件显示数据。

# 项目 6

# 文件操作

在使用计算机时，会遇到各种各样的文件，如文本文件、图片文件、音频文件等。在项目6中将学习文件的基本操作，同时会开发一个小型文件资源管理器。

## 工作任务

- 完成 ExamSystem 系统管理员日志功能。
- 小型资源管理器的实现。

## 技能目标

- 文件读写操作。
- 使用文件流。
- 文件读写器。
- 解决乱码问题。
- 文件和目录操作。

## 预习作业

- Windows 操作系统中有哪些文件？
- 文件操作是指哪些操作？
- 为什么要对文件进行读写？

## 任务 6.1　ExamSystem 系统管理员日志功能

### 任务描述

在 ExamSystem 系统管理员主界面的菜单中添加“管理员日志”菜单项，打开日志窗体，在日志窗体中可以写入或者读取内容。

## 任务分析

如果想保存一些信息，但又不想将这些信息写入数据库，文件可以很方便地帮助我们解决这个问题。

为了完成本任务，需要创建一个日志窗体，然后在这个窗体中实现文件的写入与读取。

## 6.1.1 任务实现代码及说明

实现步骤如下。

（1）打开之前的 ExamSystem 系统，在 MenuStrip 控件中添加菜单项“管理员日志”，如图 6-1 所示。

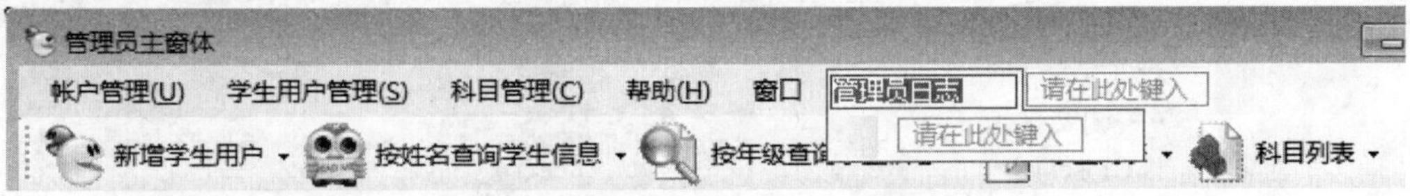


图 6-1 添加“管理员日志”菜单项

（2）创建管理员日志窗体，如图 6-2 所示。

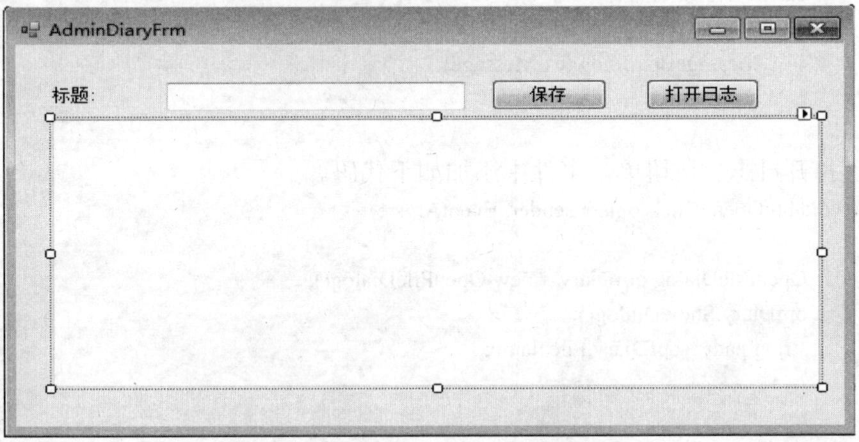


图 6-2 管理员日志窗体

（3）双击“管理员日志”菜单项，添加单击事件代码，参考代码如下。

```
private void 管理员日志 ToolStripMenuItem_Click(object sender, EventArgs e)
{
    AdminDiaryFrm diaryFrm = new AdminDiaryFrm();
    diaryFrm.Show();
}
```

（4）在“管理员日志”窗体的代码页面中添加命名空间的引入，参考代码如下。

```
using System.IO;
```

（5）在“保存”按钮单击事件中添加如下代码。

```
private void btnSave_Click(object sender, EventArgs e)
```

```
        {
            string path = Application.StartupPath + "/diary.txt";//默认保存路径
            string title = this.txtTitle.Text;
            string content = this.txtContent.Text;

            try
            {
                //创建文件流
                FileStream fs = new FileStream(path, FileMode.Create);
                //创建写入器
                StreamWriter sw = new StreamWriter(fs);
                //写入操作
                sw.WriteLine(title);
                sw.Write(content);
                //关闭写入器
                sw.Close();
                //关闭文件流
                fs.Close();
                MessageBox.Show("保存成功");

            }
            catch (Exception ex)
            {
                MessageBox.Show(ex.Message);
            }
        }
```

（6）在“打开日志”按钮单击事件中添加如下代码。

```
    private void btnOpen_Click(object sender, EventArgs e)
        {
            OpenFileDialog opfDiary = new OpenFileDialog();
            opfDiary.ShowDialog();
            string path = opfDiary.FileName;

            try
            {
                //创建文件流
                FileStream fs = new FileStream(path, FileMode.Open);
                //创建写入器
                StreamReader sr = new StreamReader(fs, Encoding. UTF8);
                //读取操作
                this.txtTitle.Text = sr.ReadLine();
                this.txtContent.Text = sr.ReadToEnd();
                //关闭读取器
                sr.Close();
                //关闭文件流
                fs.Close();
                MessageBox.Show("读取成功");
```

```
            }
            catch (Exception ex)
            {
                MessageBox.Show(ex.Message);
            }
        }
```

（7）运行程序，输入日志内容，单击“保存”按钮，保存成功后如图 6-3 所示。

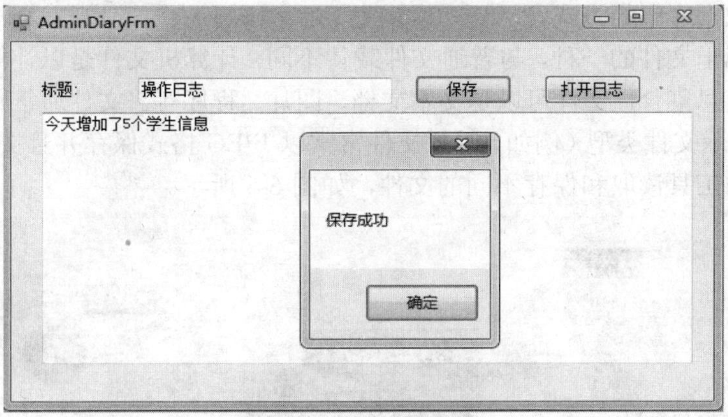


图 6-3　保存日志成功

（8）运行程序，单击“打开日志”按钮，选择要打开的日志文件，读取日志文件成功后的显示结果如图 6-4 所示。

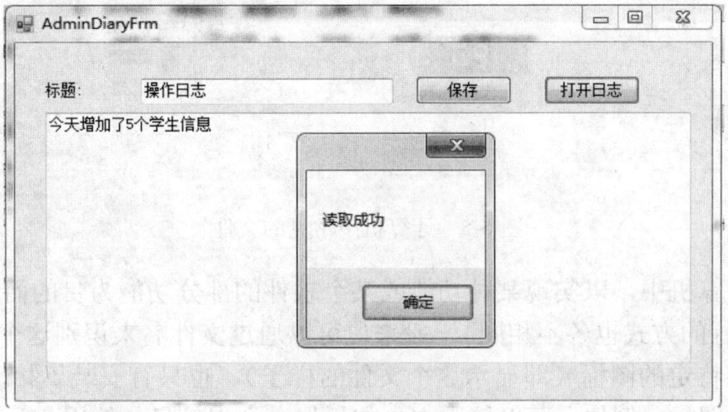


图 6-4　读取日志成功

**【小贴士】**

如果要正常使用文件读写，则必须引入对文件操作的命名空间，正如要对数据库进行操作，必须引入数据库操作的命名空间一样，参考代码如下。

```
using System.IO;
```

## 6.1.2　文件

在现有的计算机原理中，程序是运行在内存中的，这也是为什么杀毒软件工作的时候都要先在内存中进行查找。因此程序中的数据通常也是保存在内存中的，当程序被关闭后，内存中的数据就会被释放，所以如果想保存程序中的数据或计算的结果，则必须想办法实现将内存数据存储到硬盘中。

通常情况下，可采用两种办法来解决数据存储保存问题：一种方法是通过前面讲过的数据库，将数据存储在数据库中；另一种方法是将数据保存在文件中。通常，数据库适用于大批量的包含复杂查询的数据维护。而对于简单的数据，采用数据库存储操作相对比较复杂且成本偏高，此时一般采用文件存储数据的方法。例如，很多应用程序的用户配置信息都保存在文件中，而不采用保存在数据库中的方式。

计算机文件属于文件的一种，与普通文件载体不同，计算机文件是以计算机硬盘为载体存储在计算机上的信息集合。文件可以是文本文档、图片、程序等。文件通常具有 3 个字母的文件扩展名，用于指示文件类型（例如，图片文件常常以 JPEG 格式保存并且文件扩展名为.jpg）。计算机使用不同的工具读取和保存不同的文件，如图 6-5 所示。

图 6-5　计算机中常见的文件

文件就是在计算机中，以实现某种功能或某个软件的部分功能为目的而定义的一个单位。文件有很多种，运行的方式也各不相同。一般来说可以通过文件名来识别这个文件是哪种类型，特定的文件都会有特定的图标（即显示这个文件的样子），也只有安装了相应的软件，才能正确显示这个文件的图标。例如，可以使用文本文件保存文本信息，使用 Excel 文件保存表格信息，还可以使用 PowerPoint 文件保存幻灯片，使用 HTML 文件保存个人主页等。

文件可以按照不同的方式进行分类。按性质和用途可分为系统文件、用户文件、库文件；按文件的逻辑结构可分为流式文件、记录式文件；按信息的保存期限可分为临时文件、永久性文件、档案文件；按文件的物理结构可分为顺序文件、链接文件、索引文件、HASH 文件、索引顺序文件；按文件的存取方式可分为顺序存取文件、随机存取文件。 UNIX 系统中文件可分为普通文件、目录文件、特殊文件。在管理信息系统中，按文件的用途可分为主文件、处理文件、工作文件、周转文件（存放）、其他文件；按文件的组织方式可分为顺序文件、索引文件、直接存取文件。

总之，文件就是用来进行存储数据的一个单位。当然，一般情况下文件存储的信息肯定比一个简单的变量多得多，这些存储的数据可供用户日后需要的时候再次从硬盘中加载到内存中，以供应用程序继续处理。

### 6.1.3 读写文件

通常，用 C#程序读写文件有相对来说比较固定的 5 个基本步骤（用户可类比 C#对数据库的操作方法）。

（1）创建文件流。

（2）创建读取器或写入器。

（3）执行读写操作。

（4）关闭读取器或写入器。

（5）关闭文件流。

下面将详细讲解文件流与文件读写器的使用方法。

**1. 文件流操作**

流是一个用于数据传输的对象。简单来说，流就是建立在面向对象基础上的一种抽象的、处理数据的工具。在流中，定义了一些处理数据的基本操作，如读取数据、写入数据等，程序员是对流进行所有操作的，而不用关心流的另一头数据的真正流向。流不仅可以处理文件，还可以处理动态内存、网络数据等多种数据形式。在程序中利用流的方便性，可大大提高程序的效率。

文件操作的第一步是创建一个文件流，使用的是 FileStream 类，在创建文件流时，需要在其构造函数中指定参数。其语法如下。

```
FileStream 文件对象名 = new FileStream(String FilePath, FileMode);
```

其中，FilePath 用于指定要操作的文件（包含存储路径），而 FileMode 指定打开文件的模式，它是枚举类型。枚举的成员说明如表 6-1 所示。

表 6-1 FileMode 枚举值

| 枚举成员 | 成员值 | 描 述 说 明 |
|---|---|---|
| CreateNew | 1 | 指定操作系统应创建新文件，如果文件存在，则引发异常 |
| Create | 2 | 指定操作系统创建新文件，如果文件已存在，则覆盖之 |
| Open | 3 | 指定操作系统应打开现有文件，如果文件不存在，则抛出异常 |
| OpenOrCreate | 4 | 指定操作系统应打开文件，如果文件不存在，则创建之 |
| Truncate | 5 | 指定操作系统打开现有文件，如果文件已存在则清空，从 Truncate 打开的文件中读取会引发异常 |
| Append | 6 | 打开现有文件，并在文件尾追加内容 |

文件流使用完之后一定要关闭文件流。其语法如下。

```
文件对象名.Close();
```

**2. 写入器**

创建文件流之后，要创建读取器或者写入器，StreamWriter 类为写入器，它用于将数据写入文件流，只要将创建好的文件流传入，即可创建它的实例。其语法如下。

```
StreamWriter 写入器对象 = new StreamWriter(文件对象名);
```

创建好写入器后，可以调用写入方法将要写入的内容写入文件流。写入器的主要方法如

表 6-2 所示。

表 6-2 写入器的主要方法

| 方 法 | 描 述 说 明 |
|---|---|
| Write(string) | 直接将字符串写入到文件流中 |
| WriteLine(string) | 将字符串写入文件流后又写入一个回车换行 |
| Close() | 关闭写入器 |

同文件流操作一样，写入器使用完毕之后要关闭写入器。

**3. 读取器**

StreamReader 用于读取流中的数据。读取器的主要方法如表 6-3 所示。

表 6-3 读取器的主要方法

| 方 法 | 描 述 说 明 |
|---|---|
| ReadLine() | 读取文件流中的一行数据，返回字符串 |
| ReadToEnd() | 从当前位置读到文件末尾，返回字符串 |
| Close() | 关闭读取器 |

需要注意的是，当准备读取文件数据时，创建的文件流的 FileMode 应该设置为 FileMode.Open，而不是 FileMode.Create。此外，读取结束后，也要将读取器关闭。

**4. 解决乱码问题**

用 StreamReader 读取文件中的内容时，如果文件中含有中文，则可能会出现乱码问题。这并不是 C#语言的问题，而是文件编码的问题。

虽然读取的内容在计算机中存储的内容是不会改变的，但是用不同的编码方式读取时显示的效果会有所不同。读者可以尝试打开一个网页，然后更改字符的编码，即可发现原本正常显示的网页突然变成了乱码。

因此，要解决读取字符编码乱码的问题就是要保证读取到的文件是正确存储的编码。一般情况下，在 C#语言中默认文件写入的字符编码方式是“UTF-8”，因此可以在读取文件的时候指定使用“UTF-8”读取文件，参考代码如下。

```
StreamReader sr = new StreamReader(fs, Encoding.UTF8);
```

另外，可以尝试使用系统默认的编码格式，参考代码如下。

```
StreamReader sr = new StreamReader(fs, Encoding.Default);
```

还可以尝试使用 Encoding 类的静态方法 GetEncoding(string name)指定字符编码，参数 name 必须是 C#支持的编码名，参考代码如下。

```
StreamReader sr = new StreamReader(fs, Encoding.GetEncoding("GB2312"));
```

常见的几种字符编码如表 6-4 所示。

表 6-4 常见的字符编码

| 编 码 字 符 | 描 述 说 明 |
|---|---|
| ASCII | 美国信息交换标准码，适用于纯英文环境 |

续表

| 编 码 字 符 | 描 述 说 明 |
|---|---|
| Unicode | 包含了世界上所有的符号，并且每一个符号都是独一无二的。例如，U+0639 表示阿拉伯字母 Ain，U+0041 表示英文的大写字母 A，U+4E25 表示汉字“严”。具体的符号对应表，可以查询 unicode.org，或者专门的汉字对应表 |
| UTF-8 | UTF-8 是在互联网上使用最广的一种 Unicode 的实现方式，它使用 1～4 个字符表示一个符号，根据不同的符号变化字节长度。其他实现方式还有 UTF-16 和 UTF-32，但在互联网中基本不用。UTF-8 是 Unicode 的实现方式之一 |
| GB 2312 | 简体字的编码，GB 2312 只支持六千多个汉字的编码 |
| Big5 | 繁体中文编码 |

## 6.1.4 常见错误与问题

在编写文件相关程序时，初学者很可能会犯的错误如下。

（1）保存文件的 FileMode 打开模式设定错误。

FileMode 打开模式设为 CreateNew，如果文件创建前就已经存在，则会发生异常，假如本任务中将创建文件流修改为如下代码。

```
FileStream fs = new FileStream(path, FileMode.CreateNew);
```

则再次运行程序会出现异常，提示创建的文件已经存在，如图 6-6 所示。

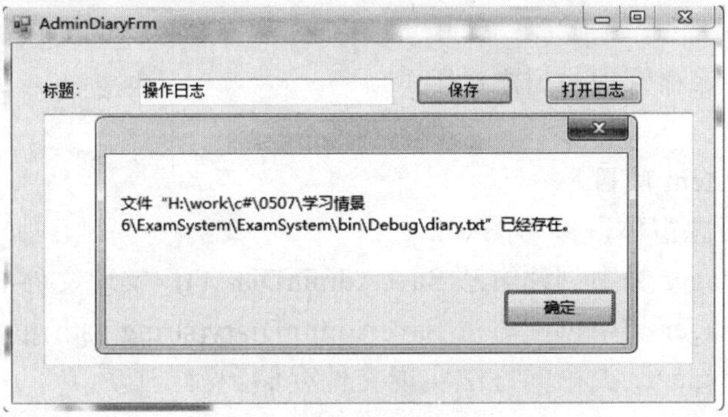


图 6-6 使用 CreateNew 文件存在异常

（2）设置存储路径错误。

如果直接指定文件存储路径为某一特定路径，如“C:\test.txt”，修改代码如下。

```
string path = "c:\test.txt";
```

再次运行程序会出现异常，如图 6-7 所示。

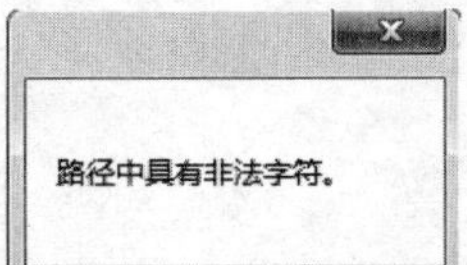


图 6-7 非法字符异常

出现此异常的原因是 C#程序内部不支持此字符，如“C:\test.txt”。解决此问题的办法有如下两种

① 将路径中的“\”全部换为“\\”，这是 C#的标准写法，如将程序改写为

```
string path = "c:\\test.txt";
```

② 在路径字符串前添加“@”字符，如将程序改写为

```
string path = @"c:\test.txt";
```

（3）关闭文件流与关闭读写器顺序写错。

在之前给出的对文件操作的顺序是先创建文件流再创建读写器，然后对文件进行相应的读写操作，随后应当先关闭读写器再关闭文件流。如果先关闭文件流再关闭读写器就会发生异常，如图 6-8 所示。

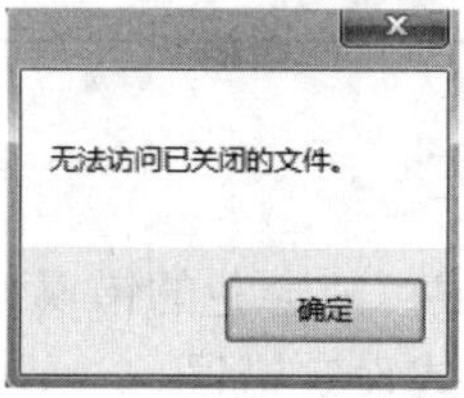


图 6-8　关闭顺序有误

## 6.1.5　上机实训

**【上机练习 1】**

实现 ExamSystem 保存管理员日志功能。

需求说明：

（1）创建 ExamSystem 项目。

（2）创建管理员日志窗体，参考图 6-2。

（3）在 SchoolManager 类中创建方法 SaveAdminDiary()，实现文件的存储。

（4）在 SchoolManager 类中创建方法 SaveAdminDiary(string path)根据指定路径存储文件。

（5）调用 SchoolManager 类中的方法实现文件存储。

实现思路及关键代码：

指定路径实现文件存储方法要通过适当修改管理员日志窗体来实现，可在窗体中增加存储路径文本框，界面如图 6-9 所示。

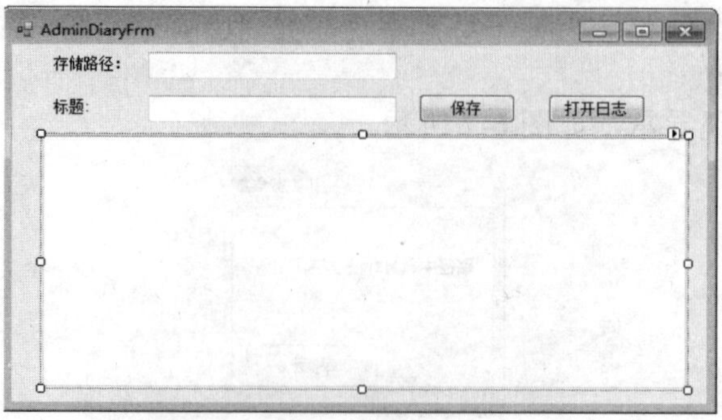


图 6-9　根据路径存储管理员日志文件

【上机练习 2】

实现 ExamSystem 打开管理员日志功能。

需求说明:

（1）创建 ExamSystem 项目。

（2）创建管理员日志窗体，参考图 6-2。

（3）在 SchoolManager 类中创建方法 OpenAdminDiary()，实现日志文件的打开。

（4）调用 SchoolManager 类中的方法实现日志文件的打开。

# 任务 6.2　小型资源管理器

## 任务描述

开发小型资源管理器，可以浏览文件信息，以 D 盘操作为例。在小型资源管理器中可以浏览文件，并对文件进行复制或删除操作。

## 任务分析

小型资源管理器的功能包括对文件和目录的常用操作，在具体实现时要注意文件存在性的判断及异常处理。

### 6.2.1　任务实现代码及说明

实现步骤如下。

（1）新建项目小型资源管理器。

（2）创建小型资源管理器项目主窗体，界面如图 6-10 所示。

图 6-10　小型资源管理器项目主窗体

（3）创建 MyFile 类，以供文件操作，参考代码如下。

```
public class MyFile
{
    /// <summary>
    /// 文件名
    /// </summary>
    private string fileName;
    public string FileName
    {
        get { return fileName; }
        set { fileName = value; }
    }

    /// <summary>
    /// 文件类型
    /// </summary>
    private string fileType;
    public string FileType
    {
        get { return fileType; }
        set {
            if (value.Length > 1)
            {
                fileType = value.Substring(1, value.Length - 1);
            }
        }
    }

    /// <summary>
    /// 文件大小
    /// </summary>
    private float fileLength;
    public float FileLength
    {
        get { return fileLength; }
        set {
            //将字节大小转换为以千字节为单位

            fileLength = float.Parse(Math.Round(value/1024, 2).ToString());
        }
    }

    /// <summary>
    /// 文件路径
    /// </summary>
    private string filePath;
    public string FilePath
    {
```

```
            get { return filePath; }
            set { filePath = value; }
        }
    }
```

（4）编写加载驱动器程序，参考代码如下。

```
        /// <summary>
        /// 加载驱动器
        /// </summary>
        private void LoadDrives()
        {
            TreeNode driver = new TreeNode();
            driver.Text = "D:\\";
            driver.Tag = "D:\\";
            this.tvExplore.Nodes.Add(driver);
        }
```

（5）编写窗体加载代码，实现添加驱动器功能，参考代码如下。

```
        private void MainFrm_Load(object sender, EventArgs e)
        {
            //添加盘符
            LoadDrives();
        }
```

（6）编写方法显示文件，参考代码如下。

```
        public void ShowFiles(List<MyFile> files)
        {
            ListViewItem item = null;
            lvFiles.Items.Clear();
            foreach (MyFile file in files)
            {
                item = new ListViewItem();
                item.Text = file.FileName;
                item.SubItems.Add(file.FileLength.ToString());
                item.SubItems.Add(file.FileType);
                item.SubItems.Add(file.FilePath);
                this.lvFiles.Items.Add(item);
            }
        }
```

（7）编写方法，将文件目录绑定到 TreeView 控件中，参考代码如下。

```
        private void BindInfo(TreeNode node)
        {
            #region  绑定子目录

            DirectoryInfo directoryInfo = new DirectoryInfo(node.Tag.ToString());
            DirectoryInfo[] dirs = directoryInfo.GetDirectories();
            foreach (DirectoryInfo di in dirs)
            {
                TreeNode temp = new TreeNode();
                temp.Text = di.Name;
```

```
                temp.Tag = di.FullName;
                node.Nodes.Add(temp);
            }
            #endregion

            #region 绑定本目录中的文件

            FileInfo[] fileInfo = directoryInfo.GetFiles();
            List<MyFile> files = new List<MyFile>();
            foreach (FileInfo myFile in fileInfo)
            {
                MyFile file = new MyFile();
                file.FileName = myFile.Name;
                file.FileLength = myFile.Length;
                file.FileType = myFile.Extension;
                file.FilePath = myFile.FullName;
                files.Add(file);
            }

            #endregion

            #region 绑定 ListView
            ShowFiles(files);
            #endregion
        }
```

（8）双击 TreeView 控件，编写控件选中后的事件，参考代码如下。

```
        private void tvExplore_AfterSelect(object sender, TreeViewEventArgs e)
        {
            TreeNode node = this.tvExplore.SelectedNode;
            this.BindInfo(node);
        }
```

（9）添加上下文相关控件并将其命名为“cmsFileOpreate”，在控件中添加“复制”与“删除”项，如图 6-11 所示。

图 6-11　添加上下文相关控件

（10）添加“复制”事件代码，参考如下。

```
private void tisiCopy_Click(object sender, EventArgs e)
        {
```

```
            if (this.lvFiles.SelectedItems.Count == 0)
            {
                return;
            }
            //提示用户选择文件夹
            FolderBrowserDialog fbd = new FolderBrowserDialog();
            DialogResult result = fbd.ShowDialog();
            //源文件路径
            string sourcePath = lvFiles.SelectedItems[0].SubItems[3].Text;
            //目标文件路径
            string desPath = null;
            //如果正确选择目标位置，则执行复制操作
            if (result == DialogResult.OK)
            {
                desPath = fbd.SelectedPath;
                desPath += "\\" + lvFiles.SelectedItems[0].SubItems[0].Text;
                //复制文件
                File.Copy(sourcePath, desPath);
                MessageBox.Show("复制成功！ ");
            }
        }
```

（11）添加“删除”事件代码，参考如下。

```
        private void tsmiDel_Click(object sender, EventArgs e)
        {
            if (this.lvFiles.SelectedItems.Count == 0)
            {
                return;
            }
            //要删除的文件
            string sourcePath = lvFiles.SelectedItems[0].SubItems[3].Text;
            DialogResult result = MessageBox.Show(this, "确定要删除吗?", "警告!",
MessageBoxButtons.OKCancel, MessageBoxIcon.Warning);
            if (result == DialogResult.OK)
            {
                File.Delete(sourcePath);
                MessageBox.Show("删除成功!");
                //刷新去除已删除的文件
                this.lvFiles.SelectedItems[0].Remove();
            }
        }
```

（12）运行程序，可以对 D 盘中的文件进行管理（复制或删除），如图 6-12 所示。

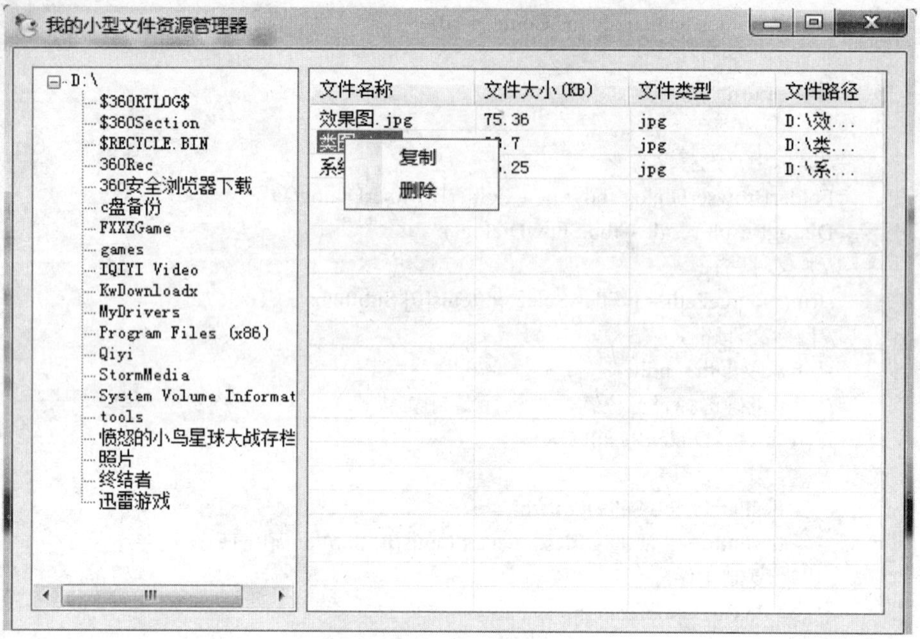


图 6-12　资源管理器运行图

## 6.2.2　文件类操作

在前面已经学过了如何对文件进行打开和读取操作，但如何实现文件复制等操作呢？

.NET 框架类库中为用户提供了一个文件（File）类，该类实现了对文件的很多方法，文件类所处的命名空间也是 System.IO，表 6-5 列出了 File 类的常用方法。

表 6-5　File 类的常用方法

| 方　法 | 描 述 说 明 |
|---|---|
| Open (string path, FileMode mode) | 根据给定的路径及方式打开文件 |
| Copy(string sourceFileName, string destFileName); | 复制源文件中的内容到目标文件中，如果目标文件不存在，则在指定路径中新建一个文件 |
| Exists(string path) | 判断当前文件是否存在，返回布尔值 |
| Delete(string path) | 删除当前文件，如果删除文件不存在，则不产生异常 |
| Move(string sourceFileName, string destFileName) | 移动文件到新的指定路径中 |

**【小贴士】**

文件类的 Exists()方法在进行文件操作时会经常用到，原因很简单，当对文件进行复制、移动、删除等操作时，如果文件不存在，则必定会引发错误。

文件复制与删除的功能可参考本任务中的复制与删除两个事件中的代码，其他方法用户可自行编写并检验。

### 6.2.3 目录类操作

目录类（Directory 类）与文件类有很大的相似性，但不同的是目录类操作的对象是文件夹，而文件类操作的对象是文件。

Directory 类常见的方法如表 6-6 所示。

**表 6-6 Directory 类的常用方法**

| 方法 | 描述说明 |
|---|---|
| CreateDirectory(string path) | 根据给定路径创建目录 |
| Delete(string path,bool recursive) | 删除目录，第二个参数为布尔类型，决定是否删除非空目录。如果为 True，则彻底删除整个目录；若为 False，则仅当目录为空时才能删除 |
| Exists(string path) | 判断当前文件夹是否存在，返回布尔值 |
| Move(string sourceDirName, string destDirName); | 移动文件或目录到新的指定路径中 |
| GetFiles(string path); | 得到目录中的所有文件，并将其存储到字符串数组中 |
| GetDirectories(string path) | 得到所有子目录，并将其存储到字符串数组中 |

**【小贴士】**

目录操作与文件操作有很大的相似性，可以将两者结合起来学习比较，同样，对目录的操作方法可参考本任务中相关代码。

File 类与 Directory 类在使用其方法时不需要实例化，而可以直接通过类名.方法()方式实现。这种直接调用类的方法称为静态方法，而静态类是只包含静态方法的类，不能使用 new 关键字创建静态类的实例。

使用静态类的优点在于，编译器能够执行检查以确保不会偶然地添加实例成员。编译器将保证不会创建此类的实例。

静态类是密封的，因此不可被继承。静态类不能包含构造函数，但仍可声明静态构造函数以分配初始值或设置某个静态状态。

静态类与非静态类的区别如表 6-7 所示。

**表 6-7 静态类与非静态类的区别**

| 静 态 类 | 非 静 态 类 |
|---|---|
| 用 static 修饰 | 不用 static 修饰 |
| 只能包含静态成员 | 可以包含静态成员 |
| 不可以包含实例成员 | 可以包含实例成员 |
| 使用类名调用静态成员 | 使用实例化对象调用非静态成员 |
| 不能被实例化 | 可以被实例化 |
| 不能包含实例构造函数 | 包含实例构造函数 |

## 6.2.4 实例化方法的文件与目录操作

前面讲述了 File 类与 Directory 类，这两个类是不可实例化的静态类，如果想使用实例化的方法对文件或目录进行操作，则必须使用 FileInfo 类和 DirectoryInfo 类。

例如，定义一个实例化操作文件对象的方法，参考代码如下。

```
string  FileOpreater()
{
    FileInfo myFile = new FileInfo("D:\\temp\\Test.txt");
    string msg = "文件名是否存在"+myFile.Exists;
    msg += "文件名" + myFile.Name;
    msg += "文件目录名" + myFile.Directory.Name;
    myFile.CopyTo("C:\\temp\\Test.txt");
    return msg;
}
```

FileInfo 类的常见属性与方法如表 6-8 所示。

表 6-8 FileInfo 类的常见属性与方法

| 属　性 | 说　明 |
|---|---|
| Exists | 检查文件是否存在，返回布尔值 |
| Extension | 获取文件的扩展名 |
| Name | 获取文件名 |
| FullName | 获取包含目录的完整文件名 |
| 方　法 | 说　明 |
| CopyTo（string path） | 复制文件到指定路径中，不允许覆盖现有文件 |
| Delete() | 删除文件 |
| MoveTo（string path） | 移动文件到指定路径中 |

DirectoryInfo 类的常见属性与方法如表 6-9 所示。

表 6-9 DirectoryInfo 类的常见属性与方法

| 属　性 | 说　明 |
|---|---|
| Exists | 检查目录是否存在，返回布尔值 |
| Extension | 获取目录的扩展名 |
| Name | 获取实例名称 |
| FullName | 获取目录或文件的完整目录 |
| 方　法 | 说　明 |
| Create() | 创建目录 |
| Delete() | 如果此 DirectoryInfo 为空，则删除之 |
| MoveTo（string path） | 移动目录到指定路径中 |

### 6.2.5 上机实训

**【上机练习 1】**

实现文件的复制。

需求说明：

（1）将指定文件复制到指定目录中。

（2）有必要的异常处理。

**【上机练习 2】**

实现文件的删除。

需求说明：

（1）将指定文件删除。

（2）有必要的异常处理。

**【上机练习 3】**

实现文件的移动。

需求说明：

（1）将指定文件移动到指定目录中。

（2）有必要的异常处理。

## 归纳与总结

- 读写文件的五个步骤：创建文件流、创建读写器、读写文件、关闭读写器、关闭文件流。
- 文件操作的命名空间是 System.IO。
- 文件流的类是 FileStream，创建文件流时需要指定操作文件的路径及文件的打开方式。
- StreamWriter 是一个写入器，StreamReader 是一个读取器。
- 读写文件可以直接使用读写器，不创建文件流，但这样不易控制文件的打开及访问方式。
- File 类用于对文件的操作。
- Directory 类用于对文件夹的操作。
- File 类与 Directory 类都是静态类。
- FileInfo 类是实例化操作文件对象的类。
- DirectoryInfo 类是实例化操作文件夹对象的类。

# 项目 7 应用程序安装与部署

到目前为止已经学习了很多 C#程序开发的方法，基本上已经可以实现一个中小项目的开发。到了开发后期，会面临制作应用程序的帮助文档及程序的安装与部署，在项目 7 中将学习如何解决以上问题。

### 工作任务

- 制作程序的帮助文档。
- 程序安装与部署。

### 技能目标

- 了解制作程序帮助文档的方法与步骤。
- 会使用 HTML Help Workshop 工具制作帮助文档。
- 会使用.NET 的安装与部署。

### 预习作业

- 帮助文档有什么作用？
- 制作帮助文档的工具有哪些？
- 为什么需要打包？
- 如何进行程序部署？

## 7.1 制作 ExamSystem 系统帮助文档

### 任务描述

ExamSystem 系统基本功能实现之后，需要提供一个帮助文档来协助初次使用此系统的用户尽快熟悉本系统。根据实际需要，制作一个帮助文档完成对 ExamSystem 系统的介绍与帮助。

## 任务分析

首先要制作一系列的 HTML 格式的独立帮助文档，然后利用 HTML Help Workshop 工具实现帮助文档的制作。

## 7.1.1　任务实现代码及说明

实现步骤如下。

（1）准备好之前完成的 ExamSystem 考试管理系统项目。

（2）准备好一系列独立的 HTML 帮助文档文件

（3）打开 Html Help Workshop 工具，如图 7-1 所示。

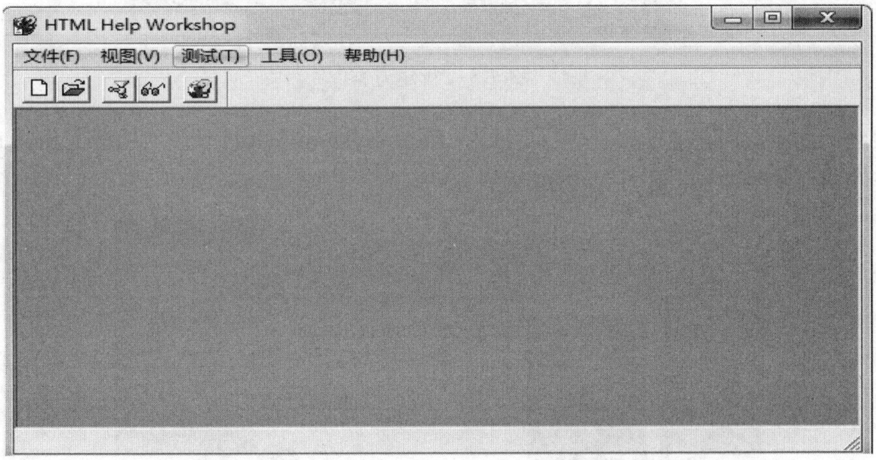


图 7-1　Html Help Workshop 工作界面

（4）建立项目文件，创建新帮助文档方案，如图 7-2 所示。

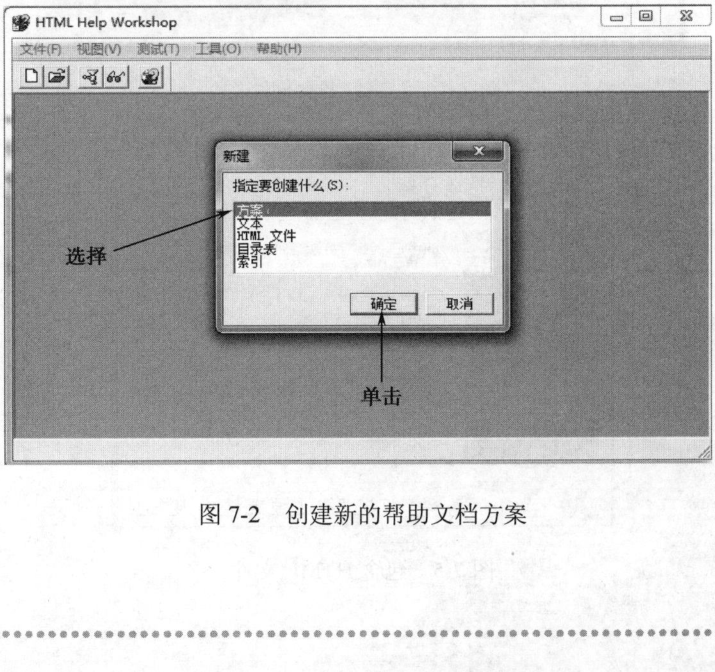


图 7-2　创建新的帮助文档方案

（5）单击“确认”按钮之后，弹出新建方案向导，由于这里是新建一个方案而不是转换一个已经存在的方案，所以直接单击“下一步”按钮，如图 7-3 所示。

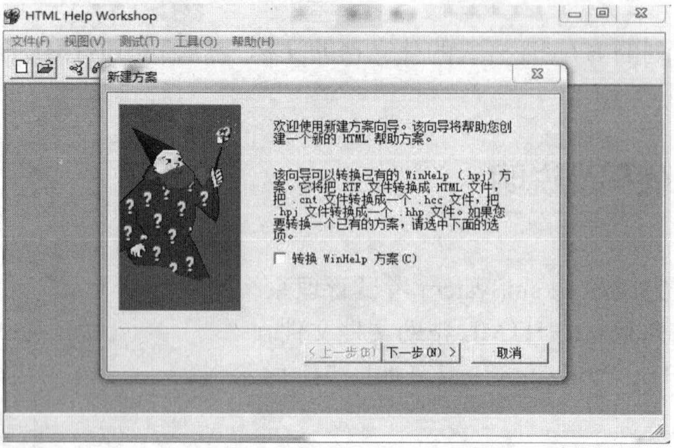


图 7-3　新建方案

（6）创建方案的存储路径，方案命名为 ExamSystemHelpHtml，并放在与之前准备好的 HTML 文件的同一目录，如图 7-4 所示。

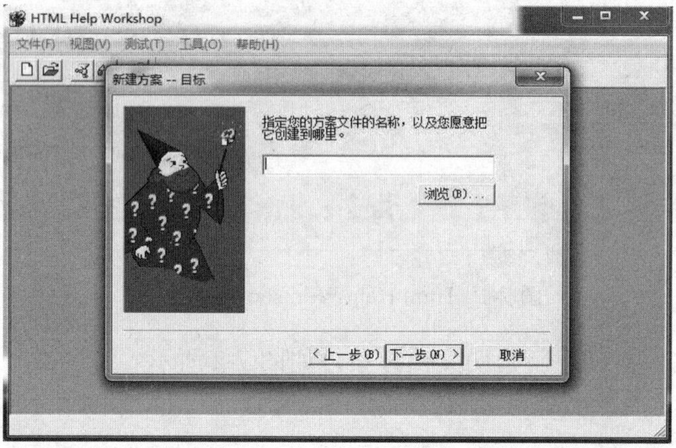


图 7-4　创建方案存储路径

（7）将之前做好的 HTML 文件包含在新建的方案中，如图 7-5 所示。

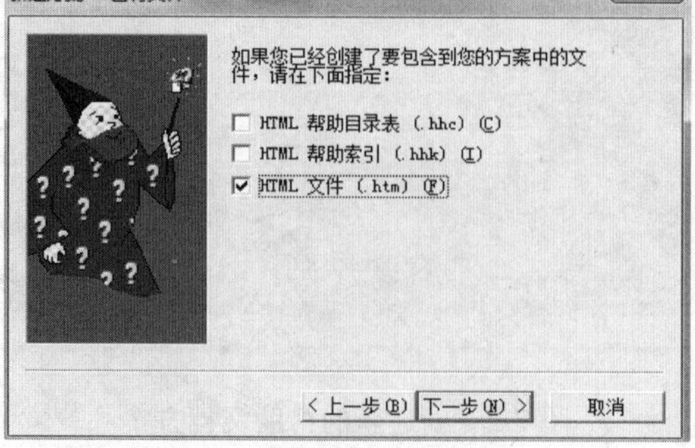


图 7-5　包含 HTML 文件

（8）将之前创建的 HTML 文件添加到方案中，如图 7-6 所示。

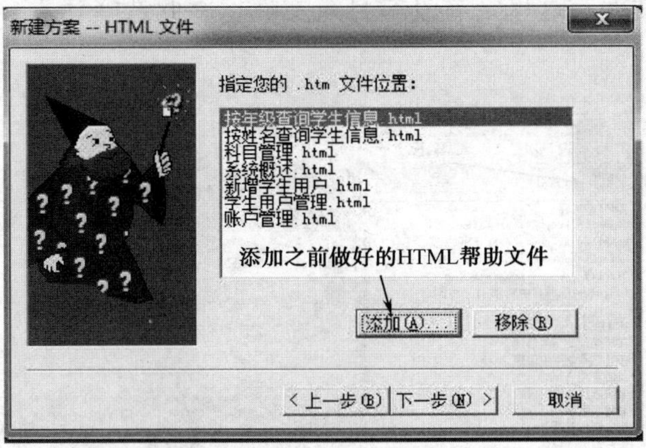


图 7-6　方案包含 HTML 文件

（9）单击“下一步”按钮，并单击“完成”按钮，完成方案的新建，如图 7-7 所示。

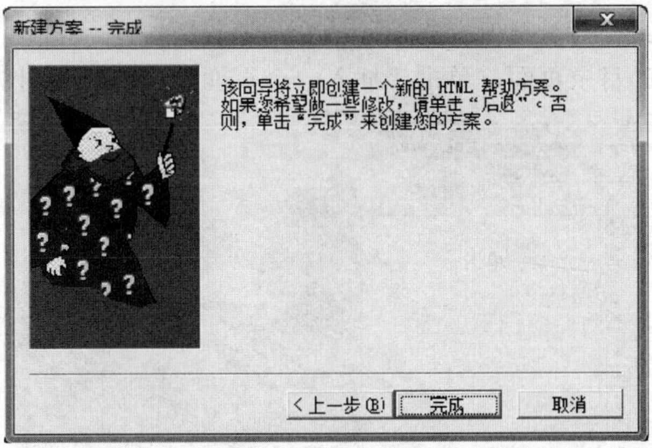


图 7-7　完成方案新建

（10）至此，已经制作了一个新的帮助文档，继续完善此帮助文档方案，如图 7-8 所示。

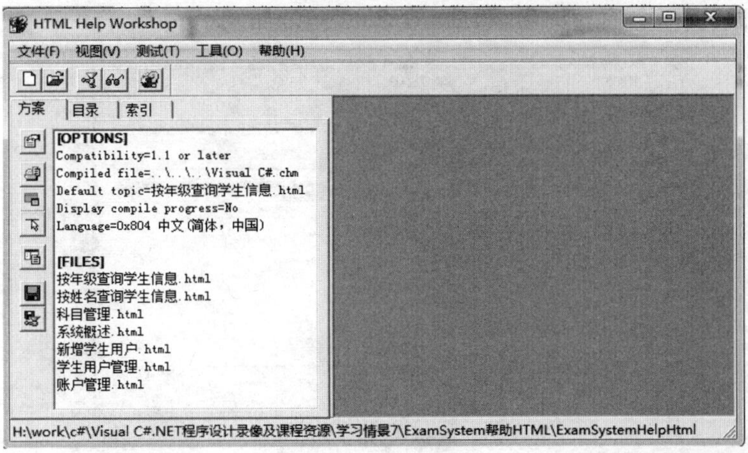


图 7-8　新建方案后

（11）单击“目录”按钮，新建一个方案的目录，如果之前存在方案的目录，则可以打开一个已经存在的目录文件，这里之前没有目录文件，因此选择建立一个新的目录文件，如图 7-9 所示。

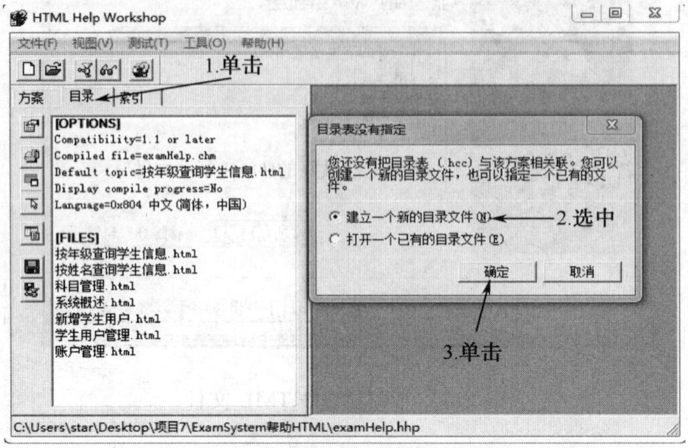


图 7-9　创建目录文件

（12）创建新的目录文件名及保存路径，单击“保存”按钮。

（13）建立一个新的目录页面，单击“插入一个页面”按钮，如图 7-10 所示。

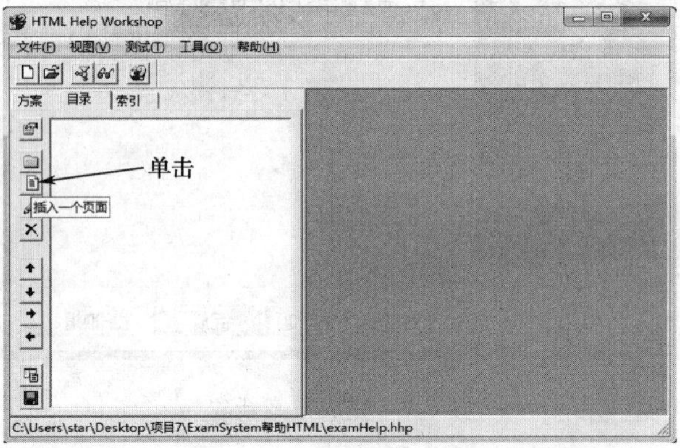


图 7-10　插入一个页面

（14）设置目录页面名称并选中 HTML 帮助文档，如图 7-11 所示。

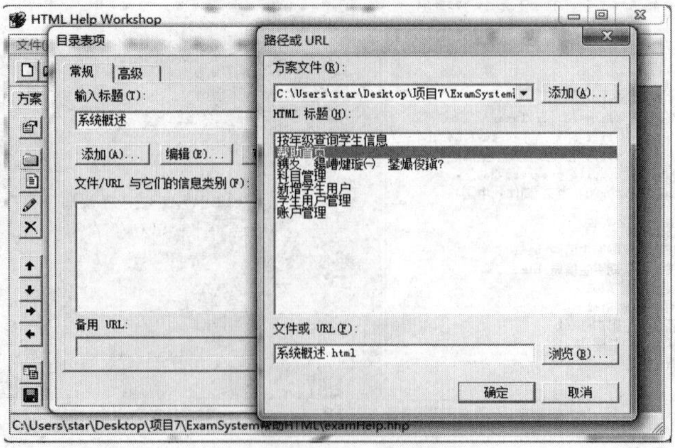


图 7-11　制作目录页面

（15）双击建立的“系统概述”页面，可以打开指定的 HTML 文件，如图 7-12 所示

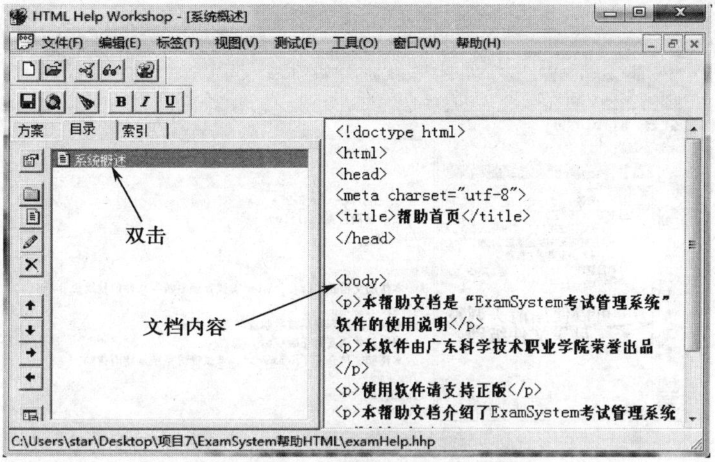


图 7-12　查看目录文档的内容

（16）新建一个标题，单击文件夹图标“插入一个标题”，将新的标题命名为“系统操作”，如图 7-13 和图 7-14 所示。

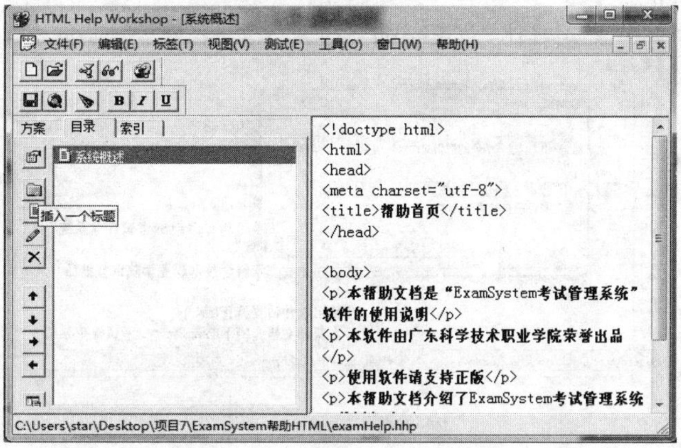


图 7-13　插入一个标题

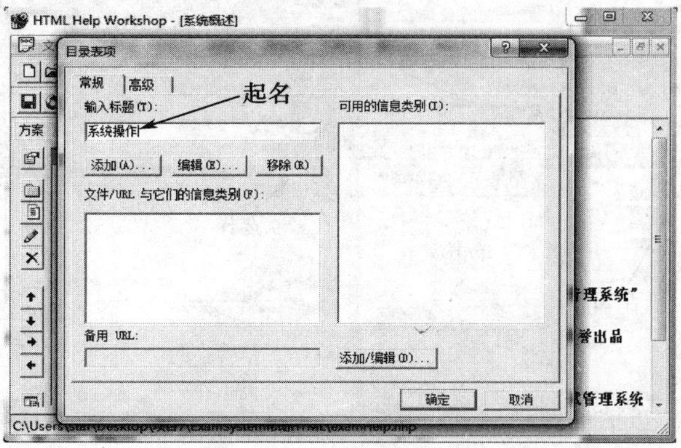


图 7-14　创建目录标题

（17）依次在系统操作目录下添加对系统操作的 HTML 文件，实现目录的创建，如图 7-15 所示。

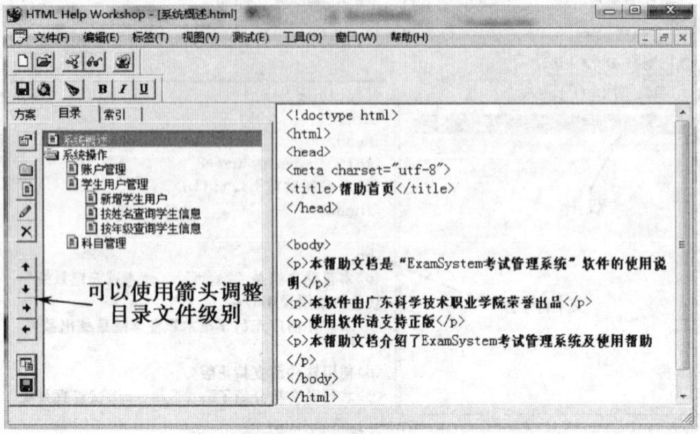


图 7-15　创建目录

（18）单击“索引”按钮，创建一个新的索引，如图 7-16 所示。

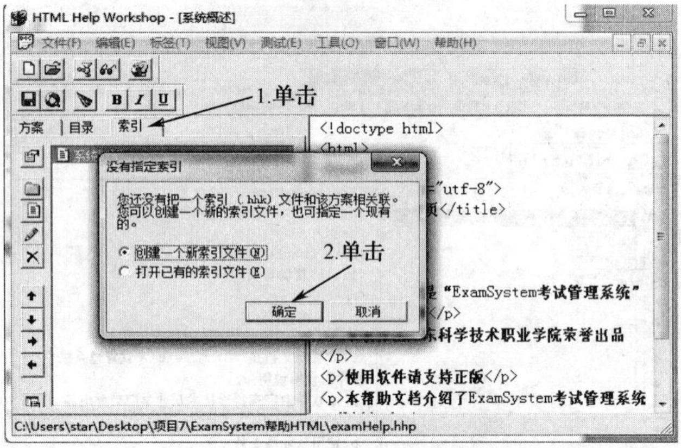


图 7-16　创建索引

（19）将新建的索引保存到同一文件夹下，在索引中可以创建一些关键词，如图 7-17 所示。

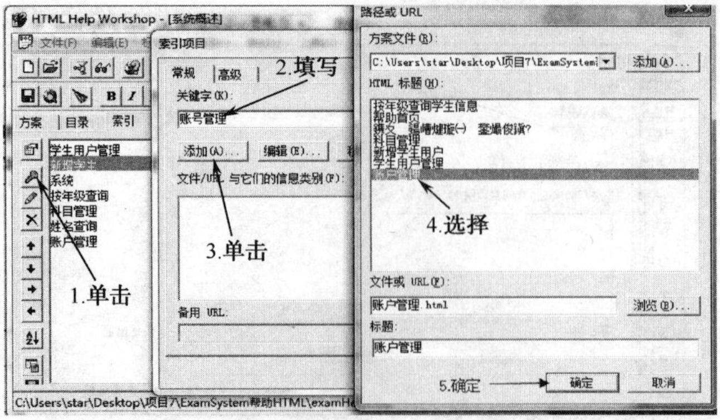


图 7-17　添加索引关键词

（20）根据实际项目继续添加索引关键字。

（21）单击“编辑 HTML 文件”按钮，对已经做好的方案进行编译，如图 7-18 所示。

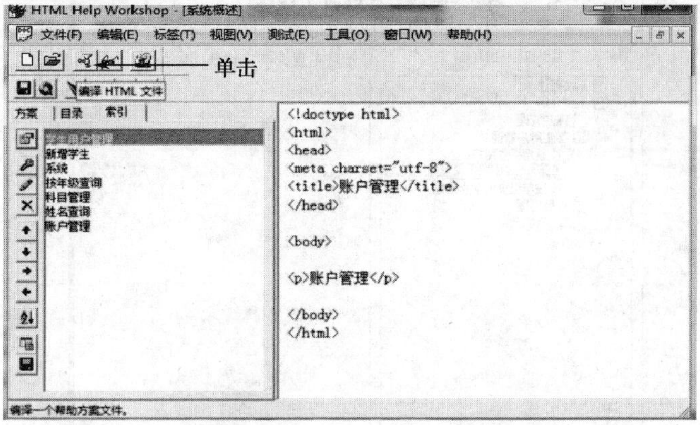


图 7-18 编译 HTML 文件

（22）编译后双击查看生成的帮助文件，如图 7-19 所示。

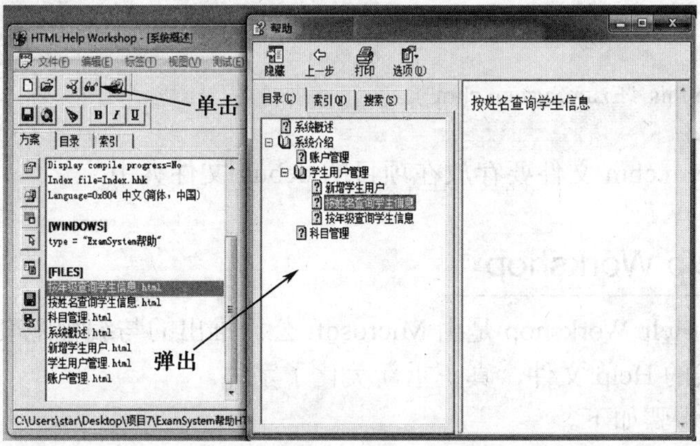


图 7-19 查看生成的帮助文件

（23）单击“添加/更改窗口信息”按钮，对窗口信息进行设置，如图 7-20 所示。

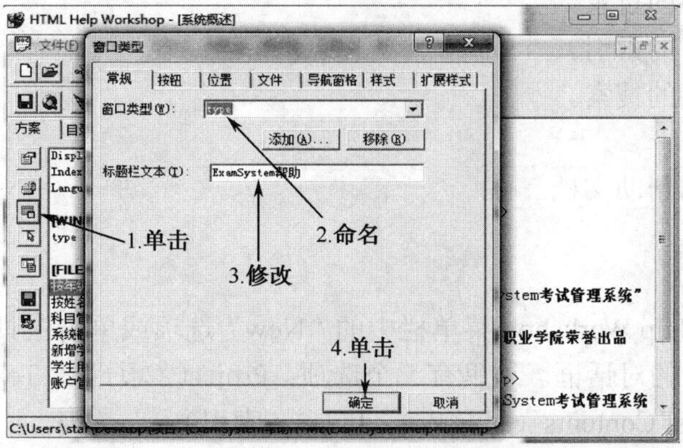


图 7-20 添加/更改窗口信息

（24）修改标题并编译之后的效果如图 7-21 所示。

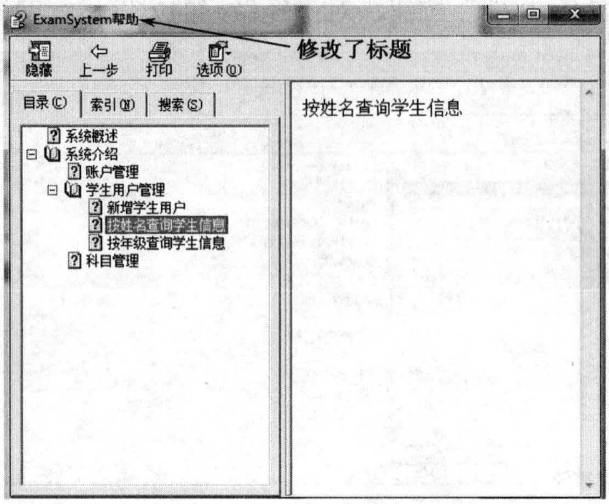


图 7-21　修改标题后的效果

在帮助事件中添加代码，参考代码如下。

```
private void  帮助 HToolStripMenuItem_Click(object sender, EventArgs e)
{
    Help.ShowHelp(this, "ExamSystem.chm");
}
```

**注意**：ExamSystem.chm 文件要存放在项目的 debug 文件夹中。

## 7.1.2　HTML Help Workshop

Microsoft HTML Help Workshop 是由 Microsoft 公司推出的与编程配套的软件，该软件可以帮助建立 HTML 格式的 Help 文件，真正重新美化了字体。

帮助文档的制作步骤如下。

（1）制作好 HTML 格式的帮助文档。

（2）打开 HTML Help WorkShop 工具。

（3）创建项目文件。

（4）制作帮助文件的目录。

（5）制作帮助文件的索引。

（6）制作帮助文件的搜索。

（7）编译项目。

（8）在程序中调用帮助文档。

主要操作步骤如下。

### 1. 创建项目文件

（1）选择 HTML Help Workshop 菜单栏中的“New”选项或单击工具栏中的“New”按钮，弹出“选择新建内容”的对话框。这里有 5 个选项：Project（项目）、Text（文本）、HTML File（HTML 文件）、Table of Contents（目录表）、Index（索引）。

（2）选择“Project”选项，弹出“Project”向导，显示向导可以转换的文件格式，一般情况下要创建项目（扩展名为.hhp）文件，不需要转换。

（3）单击“下一步”按钮，指定放置的目录及文件名。

（4）单击“下一步”按钮，弹出“现有文件”对话框，如果想将已经存在的文件包含到“项目”中，可在下拉列表中选择。这里一般是空的，这些文件（包括已经编辑好的主题文件）可以以后添加。

（5）单击“下一步”按钮后再单击“确定”按钮即可打开 HTML Help Workshop 工作窗口。窗口的上方是 3 个选项卡，分别是 Project（项目）、Contents（目录）、Index（索引）。

在“项目”窗口的左侧有 7 个按钮，它们的名称自上而下分别是 Change project options（改变项目选项）、Add/Remove Topic Files（添加/删除主题文件）、Add/Modify Window Definitions（添加/修改窗口定义）、HTML Help API Information（HTML 帮助 API 信息）、View HTML Source（校验 HTML 源文件）、Save Project Contents and Index Files（保存项目、目录和索引文件）、Save All File and Compile（保存全部文件并编译）。

（6）单击“Change Project Options”按钮，弹出“Options（选项）”对话框，光标在“General（常规）”选项卡的“Title（标题）”文本框内闪烁，在这里可加入标题，编译后这个标题将出现在 chm 文件窗口的标题栏中。其他内容暂时使用系统的默认值。

（7）单击“Add/Remove Topic Files”按钮，再选择“Add（添加）”选项，把作为封面页的 HTML 文件添加上。封面页的文件一定要有，否则编译的帮助文件运行后，系统会报错。

**2. 创建目录文件**

（1）选择“Contents”选项卡，这时系统会弹出一个对话框，提示“项目”还没有关联目录文件（扩展名为.hhc），可以创建一个新的目录文件，或者指定一个现有的。

（2）选择“Create a New Contents File（创建一个新目录文件）”选项，选择一个新目录文件的名称和存放路径，指定后打开目录编辑窗口。在目录窗口的左侧有 11 个按钮，前 5 个分别是 Contents Properties（目录工具）、Insert a Heading（插入标题）、Insert a Page（插入页面）、Edit Selection（编辑选择）、Delete Selection（删除选择）。

中间 4 个箭头用来调整指定标题或页面的位置，最后两个已在项目编辑窗口中出现过。

（3）根据需要插入标题或页面目录，单击“Insert a Heading（插入标题）”或“Insert a Page（插入页面）”按钮，都会弹出“Table of Contents Entry（目录条目）”对话框。

在“Entry Title（条目标题）”文本框中输入条目的标题，并根据情况选择对应的主题（HTML 文件），单击“Entry Title（条目标题）”下的“Add（添加）”按钮，在弹出的对话框的“File or URL（文件或 URL 地址）”文本框中输入文件名或 URL 地址；选择“Advanced（高级）”选项卡，在“Image index（图像索引）”栏中为条目指定图标，如包含其他条目的条目可以使用书形图标，而页面条目可以使用问号图标。如果在单击“Insert a Page（插入页面）”按钮之前选择的条目不包含其他的条目，也不被其他的条目包含，那么会询问“是否要创建一个起始条目”，选择“是”会增加起始条目（一级条目），选择“否”会增加一个子条目。标题可以不添加主题文件或 URL 地址，也可放置需要的主题文件，作为标题的说明内容。标题可以分为多级，要按照制作的内容统一考虑。如果觉得不满意，可以使用左侧的箭头进行调整，也可以选定该条目并右击，在弹出的快捷菜单中，不仅可以调整，还可以插入标题、主题或目录文件。

**3. 创建索引文件**

（1）在 HTML Help Workshop 的工作窗口中选择“Index”选项卡，和创建目录文件一样，也会弹出一个对话框，操作也一样。打开索引编辑窗口，左侧也有 11 个按钮，其中 8 个是已经熟悉的，剩余 3 个按钮分别是 Index Properties（索引工具）、Insert a Key Word（插入关键字）、Sort Keywords Alphabetically（排序关键字）。

所谓关键字是用户可能用到的并与一个或多个帮助主题文件关联在一起的字、词或短语，索引文件也是一个 HTML 文件，它包含若干个关键字，当用户打开 chm 文件后，选中索引标签并输入一个关键字后，chm 文件将显示与这个关键字有关的主题的列表，可非常方便地找到相关主题。

单击“Insert a Keyword”按钮，弹出一个与“Table of Contents Entry”对话框十分相似的“Index Entry（索引项）”对话框。

（2）在“General”选项卡的“Keyword（关键字）”文本框中输入关键字，单击“Add”按钮，指定与该关键字相关联的主题文件。如果想跳转到另一个关键字，则要在“Index Entry（索引项）”对话框中选择“Advanced”选项卡，选中“Destination is Another Keyword（目的地是另一个关键字）”。

（3）选择“General”选项卡，单击“Add”按钮，在“File or URL（文件或 URL 地址）”文本框中输入要跳转的关键字，单击“OK”按钮。

**4. 创建搜索**

chm 文件的“Search（搜索）”选项卡允许用户在所有主题文件中搜索字、词或短语，将它们的标题显示出来，并在主题中用醒目的方式显示。打开一个项目文件，单击“Project”选项卡中的“Change Project Options（改变项目选项）”按钮，在弹出的“Options（选项）”对话框中选择“Compiler（编译）”选项卡，选中“Compile Full Text Search Information（编译全文搜索信息）”即可。

### 7.1.3 上机实训

**【上机练习】**

制作 ExamSystem 系统帮助文档。

需求说明:

（1）创建 ExamSystem 项目。

（2）创建项目的 HTML 文档。

（3）使用 HTML Help Workshop 工具制作帮助文档。

（4）在 ExamSystem 项目中打开帮助文档。

## 任务 7.2 ExamSystem 项目打包与部署

### 任务描述

实现ExamSystem 项目的打包与部署。

### 任务分析

使用安装和部署完成任务。

## 7.2.1 任务实现代码及说明

实现步骤如下。

（1）添加新项目(安装和部署项目)并添加到解决方案中，如图 7-22 所示。

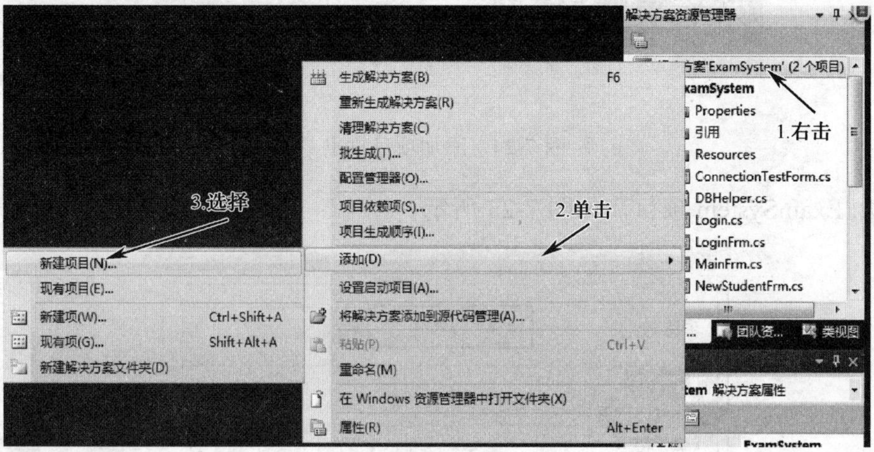


图 7-22　增加新的项目

（2）选择“其他项目类型”→“安装和部署”→“Visual Studio Installer”节点，选择“安装项目”选项，在“名称”文本框中为安装项目命名，如图 7-23 所示。

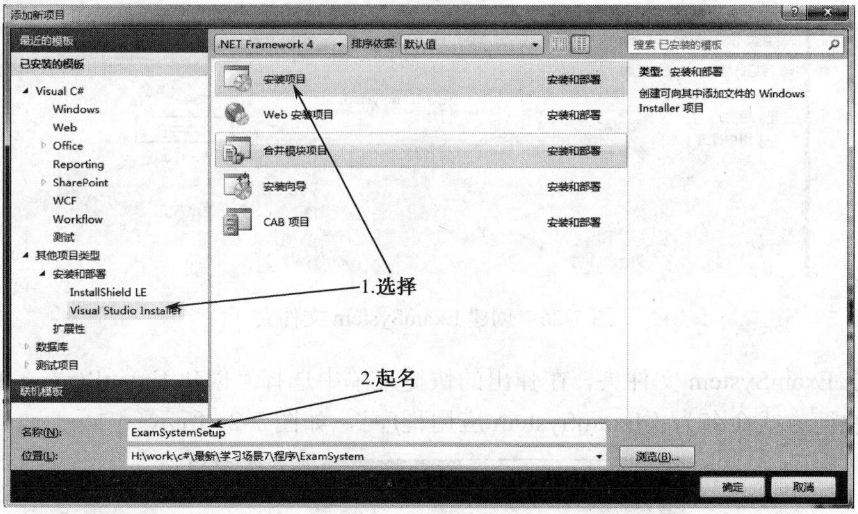


图 7-23　创建安装项目

（3）选择“添加”→“项目输出”选项，如图 7-24 所示。

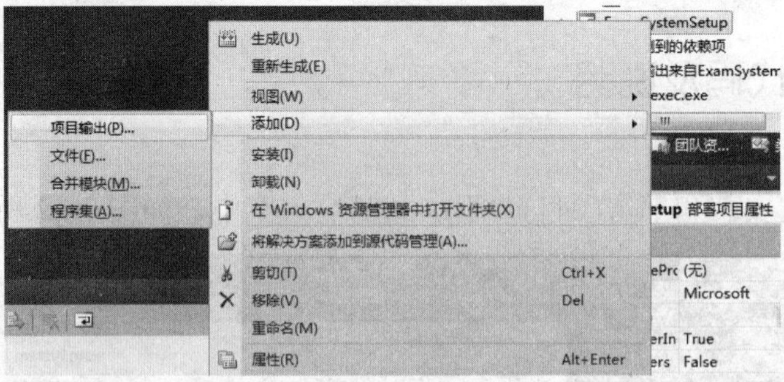


图 7-24　添加项目输出

（4）添加 ExamSystem 项目，如图 7-25 所示。

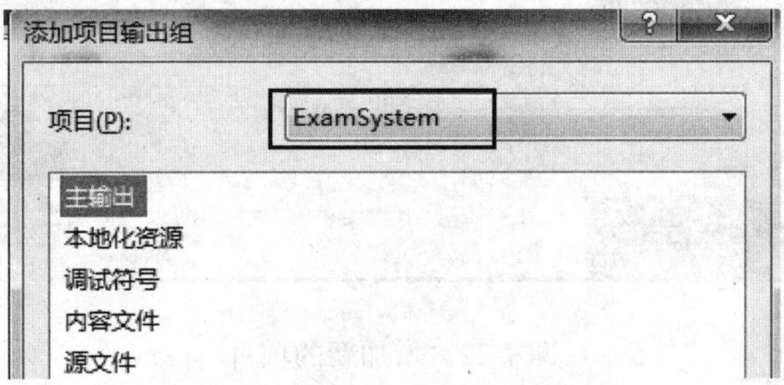


图 7-25　添加项目输出组

（5）在用户的“程序”菜单中创建 ExamSystem 文件夹，如图 7-26 所示。

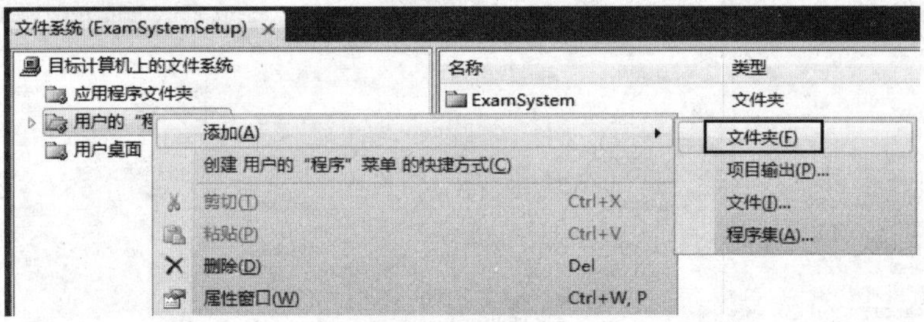


图 7-26　创建 ExamSystem 文件夹

（6）右击 ExamSystem 文件夹，在弹出的快捷菜单中选择“创建 ExamSystem 的快捷方式”选项，并给快捷方式命名为“ExamSystem 应用程序”，如图 7-27 所示。

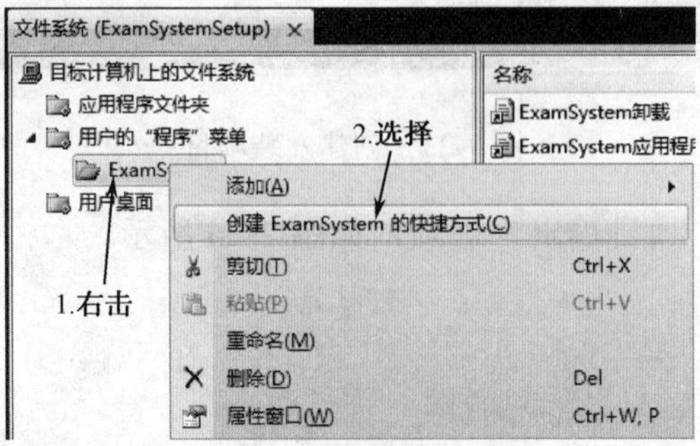


图 7-27　创建新的快捷方式

（7）选择应用程序文件夹中的主输出作为快捷方式，如图 7-28 所示。

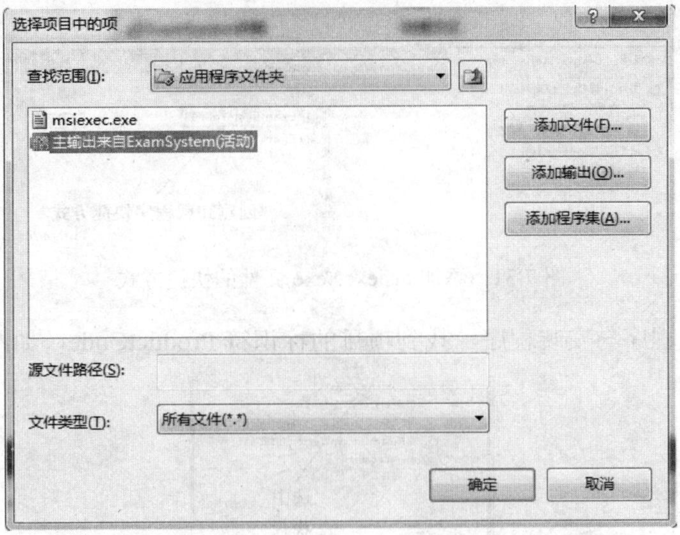


图 7-28　选择项目的主输出

（8）可以给生成的快捷方式重命名，如改为“ExamSystem 应用程序”。

（9）用类似方式为用户桌面添加快捷方式。

（10）生成安装部署文件，具体操作如图 7-29 所示。

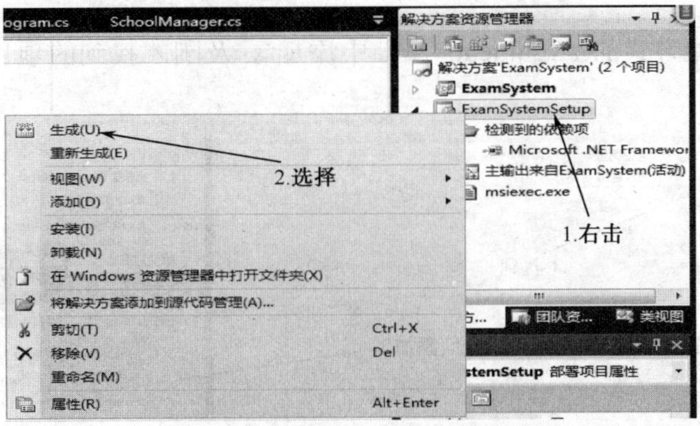


图 7-29　生成安装部署文件

（11）在计算机的 C:\WINDOWS\system32 中找到 msiexec.exe 文件并复制到应用程序的 DeBug 目录中。

（12）在应用程序文件夹中添加 msiexec.exe 文件，如图 7-30 所示。

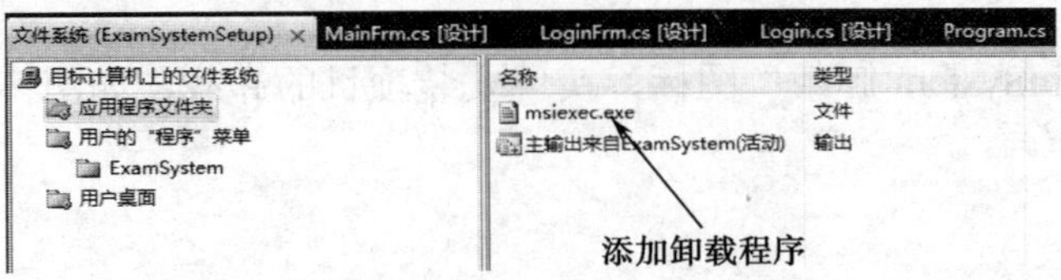


图 7-30　添加 msiexec.exe 文件

（13）创建添加 msiexec.exe 文件的快捷方式，并添加快捷方式到用户的“程序”菜单中，如图 7-31 所示。

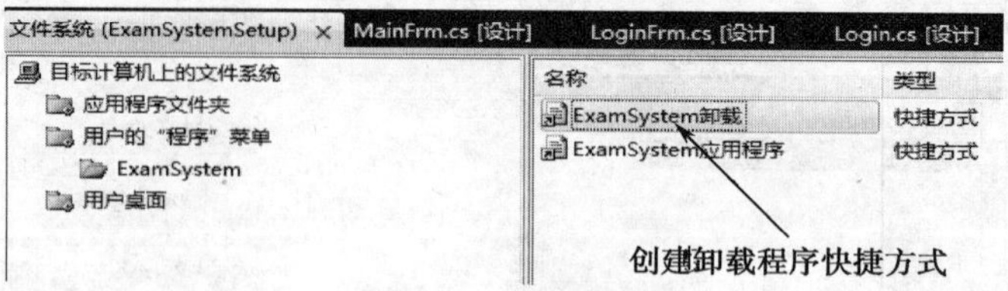


图 7-31　添加 msiexec.exe 文件的快捷方式

（14）关联卸载程序与安装程序，找到项目的标识符 ProductCode，如图 7-32 所示。

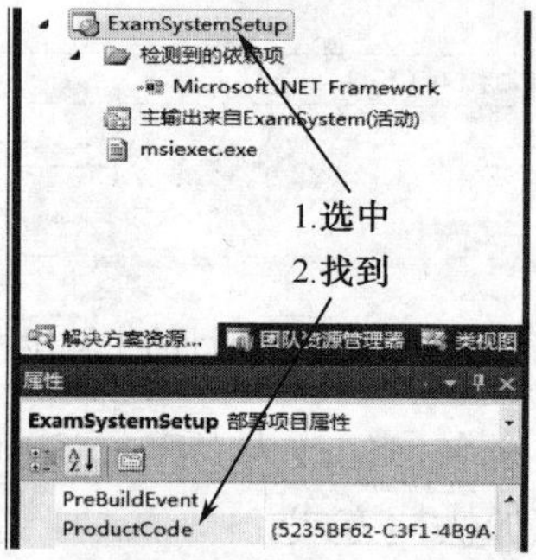


图 7-32　项目的标识符

（15）在卸载快捷方式的 Arguments 属性中添加/x 及刚才找到的项目标识符，如图 7-33 所示。

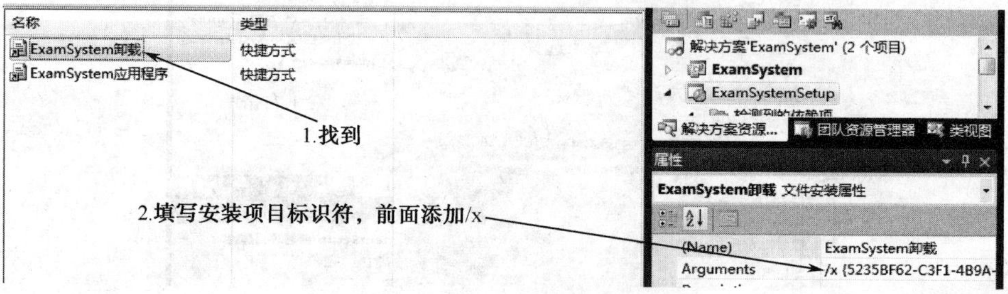


图 7-33　添加项目标识符

（16）至此已经完成了 ExamSystem 应用程序的安装与部署，尝试运行 ExamSystemSetup 安装程序，根据向导提示安装 ExamSystem 应用程序，如图 7-34 所示。

（17）安装完成后，“开始”菜单中的所有程序及桌面会生成指定的程序快捷方式，如图 7-35 所示。

（18）单击“ExamSystem 卸载”图标，实现安装项目的卸载，如图 7-36 所示。

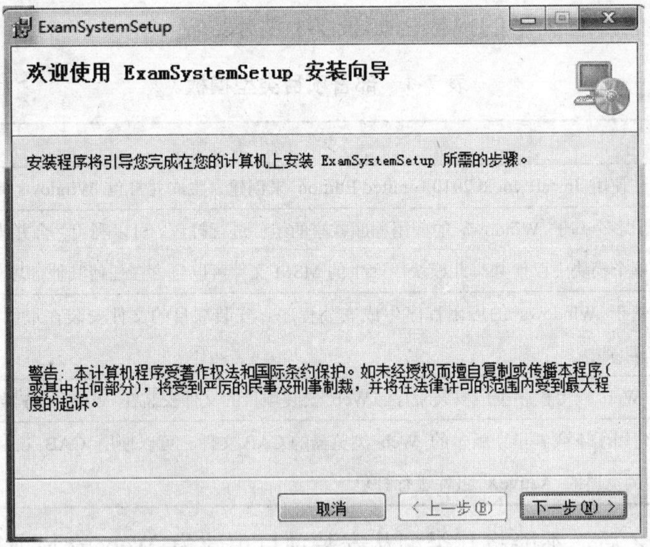


图 7-34 ExamSystemSetup 安装向导

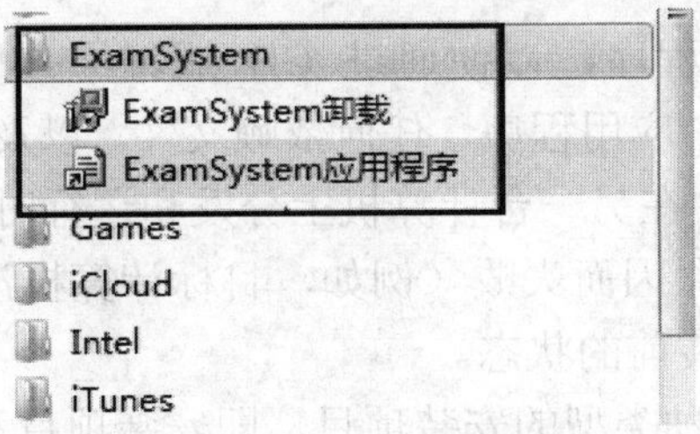


图 7-35 新增的程序快捷方式

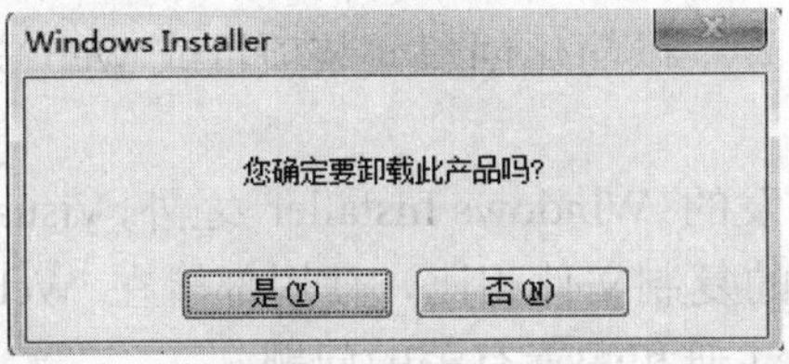


图 7-36 ExamSystem 项目卸载

## 7.2.2 VS 2010 安装和部署应用程序

开发的应用程序，通常需要经过打包部署后才可以交付给用户使用。用户得到应用程序后，需要通过交互式的安装部署程序将应用程序安装到本地环境中，才能正常使用其提供的服务。其实可以通过很多方法实现应用程序的安装和部署工作，VS 2010 对应用程序的安装部署提供了完美的解决方案。

Visual Studio 为 4 种类型的部署项目提供了模板：合并模块项目、安装项目、Web 安装项目和 CAB 项目。此外，将会提供安装向导帮助用户按步骤完成创建部署项目的过程。这些模板和向导显示在“新建项目”对话框的“安装和部署项目”选项卡中。

为项目选择正确的部署类型的模板，如表 7-1 所示。

**表 7-1　部署项目类型模板**

| 项 目 类 型 | 用　　途 |
| --- | --- |
| InstallShield | 通过使用 InstallShield 2010 Limited Edition 来创建、生成并打包 Windows 应用程序和服务 |
| 合并模块项目 | 将由多个基于 Windows 的应用程序共享的组件进行打包。可以利用“合并模块”项目将文件或组件打包到单个模块中以便共享此模块。产生的 MSM 文件可以包含在任何其他部署项目中 |
| 安装项目 | 为基于 Windows 的应用程序生成安装程序。安装项目的文件安装在最终用户计算机上的 Program Files 目录中 |
| Web 安装项目 | 为 Web 应用程序生成安装程序。Web 安装项目的文件安装在 Web 服务器上的 Virtual Root 目录中 |
| CAB 项目 | 创建用于下载到早期版本的 Web 浏览器的 CAB 文件。可以使用 CAB 项目对从 Web 服务器下载到 Web 浏览器的 ActiveX 组件进行打包 |

**注意：**创建项目之后，不能将其类型从安装项目更改为 Web 安装项目。如果创建了一个安装项目，并决定将其部署到网站中，则必须创建一个新的 Web 安装项目。

### 1. 安装项目

安装项目可用于创建安装程序，以便通过 CD 或网络文件共享分发应用程序。最终的 Windows Installer (.msi)文件包含应用程序、任何依赖文件，以及有关应用程序的信息（如注册表项和安装说明）。当 MSI 文件在另一台计算机上分发和运行时，用户可以确信安装所需的一切都已就绪；如果安装因某种原因而失败（例如，目标计算机没有所需的操作系统版本），则将被回滚，计算机将返回到安装前的状态。

在 Visual Studio 中，有两种类型的安装项目，即安装项目和 Web 安装项目。安装项目与 Web 安装项目之间的区别在于安装程序的部署位置：安装项目将文件安装到目标计算机的文件系统中；而 Web 安装项目将文件安装到 Web 服务器的虚拟目录中。

此外，还提供了“安装向导”以简化创建安装项目或 Web 安装项目的过程。

### 2. Web 安装项目

除了创建通过传统媒体分发的 Windows Installer 之外，Visual Studio 中的部署工具还支持部署到 Web 服务器。与简单的复制文件相比，使用部署在 Web 服务器上的安装文件的好处是，部署可以自动处理任何与注册和配置有关的问题。

另外，可以将用于 Windows 应用程序的安装程序部署到 Web 服务器上，以便用户以后从网站下载和运行它们。

若要将 Web 应用程序部署到 Web 服务器，则应创建“Web 安装”项目，生成项目后将其复制到 Web 服务器计算机中，并运行安装程序，以使用“Web 安装”项目中定义的设置在服务器上的应用程序。

此外，一些与部署有关的管理设置的行为可能不明显。在禁用某个虚拟目录的 Internet Information Services (IIS)“Write”属性之后，仍可将文件部署到该目录中；“Write”属性仅可控制用户上载文件的功能。

若要部署从 Web 服务器下载的应用程序，则应创建“Web 安装”项目，并在“文件系统编辑器”中将应用程序的项目输出添加到“Web 安装”项目中。生成安装程序后，将其复制到 Web 服务器计算机上，可以通过 Web 浏览器从中下载安装程序。

#### 3. CAB 文件项目

使用 CAB 项目，可以创建 CAB 文件，以便对可以从 Web 服务器下载到 Web 浏览器的 ActiveX 控件进行打包。

与其他部署项目类型不同，CAB 文件项目没有提供处理 CAB 项目的编辑器。文件和项目输出可以添加到“解决方案资源管理器”的 CAB 项目中，属性可以在“属性”面板或项目属性页中设置。

CAB 项目的属性允许用户指定压缩级别、实现 Authenticode 签名、设置显示名称和版本信息，以及指定依赖文件在 Web 上的位置。

#### 4. “合并模块”项目

使用“合并模块”项目可以创建可重用的安装组件。与允许用户在应用程序之间共享代码的动态链接库一样，合并模块允许用户在 Windows Installer 之间共享安装代码。

合并模块是一个软件包，它包含安装组件所需的所有文件、资源、注册表项和安装逻辑关系。合并模块无法单独安装，而必须在 Windows Installer (.msi) 文件的环境内使用。可以通过合并模块捕获特定组件的所有依赖项，从而确保安装了正确的版本。分发合并模块之后，不应再修改，而应为组件的每个后续版本创建新的合并模块。

### 7.2.3 上机实训

**【上机练习】**

为 ExamSystem 系统实现部署与安装。

需求说明：

（1）将 ExamSystem 项目打包。

（2）增加用户的“程序”菜单中的程序运行与卸载快捷方式。

（3）完成项目卸载功能。

（4）尝试安装与卸载项目。

## 归纳与总结

- 如何制作帮助文档。
- HTML Help Workshop 工具的使用。
- 制作项目的安装与打包。
- 实现安装程序的卸载。

# 反侵权盗版声明



举报电话：（010）88254396；（010）88258888

传　　真：（010）88254397

E-mail:　　dbqq@phei.com.cn

通信地址：北京市海淀区万寿路 173 信箱

　　　　　电子工业出版社总编办公室

邮　　编：100036